Wissenschaftliche Reihe
Fahrzeugtechnik Universität Stuttgart

Herausgegeben von
M. Bargende, Stuttgart, Deutschland
H.-C. Reuss, Stuttgart, Deutschland
J. Wiedemann, Stuttgart, Deutschland

Das Institut für Verbrennungsmotoren und Kraftfahrwesen (IVK) an der Universität Stuttgart erforscht, entwickelt, appliziert und erprobt, in enger Zusammenarbeit mit der Industrie, Elemente bzw. Technologien aus dem Bereich moderner Fahrzeugkonzepte. Das Institut gliedert sich in die drei Bereiche Kraftfahrwesen, Fahrzeugantriebe und Kraftfahrzeug-Mechatronik. Aufgabe dieser Bereiche ist die Ausarbeitung des Themengebietes im Prüfstandsbetrieb, in Theorie und Simulation.

Schwerpunkte des Kraftfahrwesens sind hierbei die Aerodynamik, Akustik (NVH), Fahrdynamik und Fahrermodellierung, Leichtbau, Sicherheit, Kraftübertragung sowie Energie und Thermomanagement – auch in Verbindung mit hybriden und batterieelektrischen Fahrzeugkonzepten.

Der Bereich Fahrzeugantriebe widmet sich den Themen Brennverfahrensentwicklung einschließlich Regelungs- und Steuerungskonzeptionen bei zugleich minimierten Emissionen, komplexe Abgasnachbehandlung, Aufladesysteme und -strategien, Hybridsysteme und Betriebsstrategien sowie mechanisch-akustischen Fragestellungen.

Themen der Kraftfahrzeug-Mechatronik sind die Antriebsstrangregelung/Hybride, Elektromobilität, Bordnetz und Energiemanagement, Funktions- und Softwareentwicklung sowie Test und Diagnose.

Die Erfüllung dieser Aufgaben wird prüfstandsseitig neben vielem anderen unterstützt durch 19 Motorenprüfstände, zwei Rollenprüfstände, einen 1:1-Fahrsimulator, einen Antriebsstrangprüfstand, einen Thermowindkanal sowie einen 1:1-Aeroakustikwindkanal.

Die wissenschaftliche Reihe „Fahrzeugtechnik Universität Stuttgart" präsentiert über die am Institut entstandenen Promotionen die hervorragenden Arbeitsergebnisse der Forschungstätigkeiten am IVK.

Herausgegeben von

Prof. Dr.-Ing. Michael Bargende
Lehrstuhl Fahrzeugantriebe,
Institut für Verbrennungsmotoren und
Kraftfahrwesen, Universität Stuttgart
Stuttgart, Deutschland

Prof. Dr.-Ing. Jochen Wiedemann
Lehrstuhl Kraftfahrwesen,
Institut für Verbrennungsmotoren und
Kraftfahrwesen, Universität Stuttgart
Stuttgart, Deutschland

Prof. Dr.-Ing. Hans-Christian Reuss
Lehrstuhl Kraftfahrzeugmechatronik,
Institut für Verbrennungsmotoren und
Kraftfahrwesen, Universität Stuttgart
Stuttgart, Deutschland

Maik Lazzara

Tribologisches Verhalten der Kolbenbolzenlagerung

Maik Lazzara
Stuttgart, Deutschland

Zugl.: Dissertation Universität Stuttgart, 2015
D93

Wissenschaftliche Reihe Fahrzeugtechnik Universität Stuttgart
ISBN 978-3-658-14496-8 ISBN 978-3-658-14497-5 (eBook)
DOI 10.1007/978-3-658-14497-5

Die Deutsche Nationalbibliothek verzeichnet diese Publikation in der Deutschen Nationalbibliografie; detaillierte bibliografische Daten sind im Internet über http://dnb.d-nb.de abrufbar.

Springer Vieweg
© Springer Fachmedien Wiesbaden 2016
Das Werk einschließlich aller seiner Teile ist urheberrechtlich geschützt. Jede Verwertung, die nicht ausdrücklich vom Urheberrechtsgesetz zugelassen ist, bedarf der vorherigen Zustimmung des Verlags. Das gilt insbesondere für Vervielfältigungen, Bearbeitungen, Übersetzungen, Mikroverfilmungen und die Einspeicherung und Verarbeitung in elektronischen Systemen.
Die Wiedergabe von Gebrauchsnamen, Handelsnamen, Warenbezeichnungen usw. in diesem Werk berechtigt auch ohne besondere Kennzeichnung nicht zu der Annahme, dass solche Namen im Sinne der Warenzeichen- und Markenschutz-Gesetzgebung als frei zu betrachten wären und daher von jedermann benutzt werden dürften.
Der Verlag, die Autoren und die Herausgeber gehen davon aus, dass die Angaben und Informationen in diesem Werk zum Zeitpunkt der Veröffentlichung vollständig und korrekt sind. Weder der Verlag noch die Autoren oder die Herausgeber übernehmen, ausdrücklich oder implizit, Gewähr für den Inhalt des Werkes, etwaige Fehler oder Äußerungen.

Gedruckt auf säurefreiem und chlorfrei gebleichtem Papier

Springer Vieweg ist Teil von Springer Nature
Die eingetragene Gesellschaft ist Springer Fachmedien Wiesbaden GmbH

„Es wird Wagen geben, die von keinem Tier gezogen werden
und mit unglaublicher Gewalt daherfahren."

Leonardo da Vinci, April 1452 – Mai 1519

Vorwort

Diese Arbeit entstand während meiner Tätigkeit am Institut für Verbrennungsmotoren und Kraftfahrwesen der Universität Stuttgart. Dem Leiter des Lehrstuhls für Fahrzeugantriebe, Herrn Prof. Dr.-Ing. Michael Bargende, danke ich herzlich für die Betreuung dieser Dissertation seitens der Universität. Seine eingehende Förderung und intensive Unterstützung haben wesentlich zum Gelingen dieser Arbeit beigetragen. Außerdem bedanke ich mich sehr bei Herrn Prof. Dr.-Ing. Adrian Rienäcker für die Übernahme des Mitberichtes.

Der Forschungsvereinigung Verbrennungskraftmaschinen e.V. sei für die finanzielle Förderung zur Durchführung dieser Arbeit gedankt. Den in dieser Institution vertretenen Firmen und dem daraus gebildeten Arbeitskreis gebührt hoher Dank für die wertvollen Hinweise und die Unterstützung während der Bearbeitung. An dieser Stelle bedanke ich mich besonders beim Obmann des Arbeitskreises Herrn Dr.-Ing. Uwe Lehmann für die Organisation des Projektes und bei dem zweiten Sachbearbeiter des Forschungsvorhabens Herrn Dr.-Ing. Jochen Lang, stellvertretend für das Institut für Maschinenelemente und Konstruktionstechnik der Universität Kassel, für seine produktive Zusammenarbeit und die konstruktiven Diskussionen.

Meinen Kollegen Herrn Dr.-Ing. Michael Weinrich, Herrn Dipl.-Ing. Marco Leonetti und Herrn Dr.-Ing. Daniel Hrdina verdanke ich ein sehr angenehmes und konstruktives Arbeitsumfeld und ihre Unterstützung war mir stets gewiss. Besonders hervorheben möchte ich Herrn Dr.-Ing. Ulrich Philipp, den Leiter des Bereichs Motorakustik und -mechanik am Forschungsinstitut für Kraftfahrwesen und Fahrzeugmotoren Stuttgart. Durch seine hervorragende Betreuung, förderlichen Gespräche, wertvollen Hinweise und die erste Durchsicht dieser Arbeit hat er wesentlich zu deren Gelingen beigetragen und hierfür bedanke ich mich sehr.

Meinen Eltern und meiner Frau möchte ich diese Arbeit widmen, weil sie nie aufgehört haben, mich auf meinen Wegen zu begleiten und mich dabei in jeder Hinsicht zu fördern und zu unterstützen.

Maik Lazzara

Inhaltsverzeichnis

Vorwort VII

Abbildungsverzeichnis XI

Tabellenverzeichnis XVII

Symbolverzeichnis XIX

Abkürzungsverzeichnis XXI

Kurzfassung XXIII

Abstract XXV

1 Einleitung 1

2 Stand der Technik 5
    2.1 Spezielle Messverfahren an Motorkomponenten 5
        2.1.1 Bewegungsuntersuchungen an der Kolbenbolzenlagerung ... 7
    2.2 Tribologische Untersuchungen an der Kolbenbolzenlagerung ... 13

3 Theoretische Grundlagen 15
    3.1 System Kolbenbolzenlagerung 15
        3.1.1 Komponenten der Kolbenbolzenlagerung 15
        3.1.2 Belastung und Beanspruchung der Kolbenbolzenlagerung .. 17
        3.1.3 Schmierung und Kühlung der Kolbenbolzenlagerung 24
    3.2 Tribologische Grundlagen 25
        3.2.1 Reibungszustände 27
        3.2.2 Schmierung und Verschleiß 30

4 Versuchsaufbau und messtechnische Ausrüstung 33
    4.1 Versuchsträger 33
    4.2 Prüfstandsaufbau 34

4.3 Messtechnische Ausrüstung 35

    4.3.1 Indiziermesstechnik 35

    4.3.2 Messtechnik zur Erfassung der Kolbenbolzenbewegung 37

    4.3.3 Messtechnik zur Temperaturbestimmung 40

4.4 Messwertübertragungssystem 42

5 Spezielle Messverfahren 47

5.1 Bestimmung der Kolben- und Pleueltemperaturen 47

5.2 Erfassung der Kolbenbolzenbewegung 49

    5.2.1 Radiale Kolbenbolzenbewegung 50

    5.2.2 Axiale und rotatorische Kolbenbolzenbewegung 51

5.3 Detektierung der Mischreibung 52

    5.3.1 Herstellung der elektrisch isolierten Lagerbuchse 53

6 Ergebnisse der experimentellen Untersuchungen 57

6.1 Variantendarstellung und Messprogramm 57

6.2 Radiale Kolbenbolzenbewegung 60

6.3 Drehbewegung des Kolbenbolzens 73

6.4 Mischreibungszustände 84

7 Experimentelle Validierung der Simulation 91

7.1 Radiale Bolzenverlagerung 91

7.2 Mischreibungskontakt 94

7.3 Drehbewegung des Kolbenbolzens 98

8 Zusammenfassung 101

Literaturverzeichnis 105

Abbildungsverzeichnis

Abb. 1: Zünddrücke und Leistungsdichten von PKW-Dieselanwendungen [1] 1

Abb. 2: Signalübertragungsarten in Abhängigkeit der Motorkomponente [3] 5

Abb. 3: Relevante Messgrößen an Motorkomponenten [3] 7

Abb. 4: Außermotorische Prüfeinrichtung zur Untersuchung der Kolbenbolzenbewegung [6] 9

Abb. 5: NKW Stahlkolben mit Messausrüstung für eine telemetrische Datenübertragung [7] 10

Abb. 6: Pleuelfestes Messverfahren für die Kolbenbolzenbewegung [8] 11

Abb. 7: Kolbenfestes Messverfahren für die Kolbenbolzenbewegung [5], [9] 12

Abb. 8: Messprinzip der Reibmomentenmessung [12] 14

Abb. 9: Komponenten der Kolbenbolzenlagerung [19] 16

Abb. 10: Wirkung der Gaskraft am Kurbeltrieb [13] 17

Abb. 11: Kinematik des Kurbeltriebs eines Hubkolbenmotors [13] 19

Abb. 12: Kraftverläufe am Kolbenbolzen [21] 20

Abb. 13: Lagerkraftpolardiagramm des Kolbenbolzenlagers [21] 21

Abb. 14: Mechanisch und thermisch bedingte Deformation des Kolbens [13] 22

Abb. 15: Biegemomentverlauf am Kolbenbolzen und kl. Pleuelauge [13] 23

Abb. 16: Kolbenkühlung [23] 25

Abb. 17: Schematischer Strukturaufbau eines tribologischen Systems [14] 26

Abb. 18: Stribeck-Kurve [25] 29

Abb. 19: Grundlegende Verschleißmechanismen [14] 31

Abb. 20: Versuchsträger [50] 33

Abb. 21: Übersicht über Prüfstandsaufbau und Messtechnikausrüstung 35

Abb. 22: Indiziermesskette 36

Abb. 23: Verwendete Wirbelstromsensoren (Micro-Epsilon) 38

Abb. 24: Aufbau Wirbelstromsensor [53] 38

Abb. 25: Messkette des berührungslosen Wegmesssystems 39

Abb. 26: Kennlinie Thermoelement Typ K [55] 40

Abb. 27: Aufbau eines Mantelthermoelementes [57] 41

Abb. 28: Aufbau eines Dünnschicht- Widerstandsthermometers [57] 42

Abb. 29: Messkette kurbeltriebfester Messungen 43

Abb. 30: Kollisionsanalyse des Gelenkgetriebes 44

Abb. 31: Pleuelanlenkung an das Gelenkgetriebe 45

Abb. 32: Kolben mit Ankopplung des Gelenkgetriebes und Kabelführung 46

Abb. 33: Temperaturmessstellen am Kolben 47

Abb. 34: Temperaturmessstellen am Pleuel 47

Abb. 35: Modifizierte Messkette der Temperaturmessung 48

Abb. 36: Relativbewegung des Kolbenbolzens 49

Abb. 37: Positionierung und Bezeichnung der Aufnehmer für die radiale Bewegung 50

Abb. 38: Konzepte zur Erfassung der Axialbewegung und Rotation des Kolbenbolzens 51

Abb. 39: Messprinzip der Kontaktdetektierung 52

Abb. 40: Prinzipdarstellung für das Einpressen der isolierten Lagerbuchse 54

Abb. 41: Kleines Pleuelauge mit elektrisch isolierter Lagerbuchse 54

Abb. 42: Kolbenbolzenausführungen 58

Abb. 43: Nabenkontur der Formbohrungen 58

Abbildungsverzeichnis XIII

Abb. 44: Gegenüberstellung der Flächenpressung in der Nabenbohrung 59

Abb. 45: Exemplarische Darstellung der radialen Relativbewegung 61

Abb. 46: Drehzahlabhängigkeit der Radialbewegung in Hubrichtung bei Volllast..... 62

Abb. 47: Drehzahlabhängigkeit der Radialbewegung in Querrichtung bei Volllast ... 63

Abb. 48: Lastabhängigkeit der Radialbewegung in Hubrichtung 63

Abb. 49: Lastabhängigkeit der Radialbewegung in Querrichtung 64

Abb. 50: Drehzahl- und Lastabhängigkeit der radialen Relativbewegung in Hubrichtung 64

Abb. 51: Drehzahl- und Lastabhängigkeit der Radialbewegung in Querrichtung 65

Abb. 52: Messreihenvergleich der Radialbewegung in Hubrichtung 66

Abb. 53: Messreihenvergleich der Radialbewegung in Querrichtung 66

Abb. 54: Drehzahl- und Lastabhängigkeit der Sensorposition WS1 67

Abb. 55: Drehzahl- und Lastabhängigkeit der Sensorposition WS1 68

Abb. 56: Variantenvergleich der Radialbewegung in Hubrichtung 69

Abb. 57: Variantenvergleich der Radialbewegung in Querrichtung 69

Abb. 58: Vergleich der Radialbewegung in Hubrichtung bei Temperaturbeharrung.. 70

Abb. 59: Vergleich der Radialbewegung in Querrichtung bei Temperaturbeharrung. 71

Abb. 60: Vergleich der Radialbewegung in Hubrichtung mit reduzierter Schmierstoffzufuhr 72

Abb. 61: Vergleich der Radialbewegung in Querrichtung mit reduzierter Schmierstoffzufuhr 72

Abb. 62: Betrachtung der Langzeitdrehung 73

Abb. 63: Diskontinuität der Langzeitdrehung 74

Abb. 64: Übersichtsdarstellung der Langzeitdrehung für eine vollständige Messreihe 75

Abb. 65: Übersicht Langzeitdrehung - Erste Messreihe der dritten Variante 76

Abb. 66: Übersicht Langzeitdrehung - Zweite Messreihe der dritten Variante 77

Abb. 67: Vergleich der Langzeitdrehung bei Betriebspunkten mit stationären thermischen Randbedingungen 78

Abb. 68: Vergleich der Langzeitdrehung bei variierter Schmierstoffzufuhr 78

Abb. 69: Rotation des Kolbenbolzens 80

Abb. 70: Vergleich der Kolbenbolzenrotation bei Drehzahlerhöhung 80

Abb. 71: Vergleich der Kolbenbolzenrotation bei Lasterhöhung 81

Abb. 72: Vergleich der Kolbenbolzenrotation bei Lasterhöhung 82

Abb. 73: Vergleich der Kolbenbolzenrotation bei Lasterhöhung 82

Abb. 74: Vergleich der Kolbenbolzenrotation zweier Messreihen 83

Abb. 75: Vergleich der Kolbenbolzenrotation zweier Varianten 84

Abb. 76: Mischreibungsdetektierung der Messreihe M1 im Schubbetrieb 85

Abb. 77: Mischreibungsdetektierung der Messreihe M2 im Schubbetrieb 86

Abb. 78: Mischreibungsdetektierung bei Lasterhöhung 87

Abb. 79: Mischreibungsdetektierung im Schubbetrieb mit erhöhter Motordrehzahl .. 88

Abb. 80: Mischreibungsdetektierung für Volllast und erhöhter Motordrehzahl 89

Abb. 81: Vergleich WS1 und WS2 für den Betriebspunkt 1000 min^{-1}, Schlepplast ... 92

Abb. 82: Vergleich WS3 und WS4 für den Betriebspunkt 1000 min^{-1}, Schlepplast ... 92

Abb. 83: Vergleich WS1 und WS2 für den Betriebspunkt 3000 min^{-1}, Volllast 93

Abb. 84: Vergleich WS3 und WS4 für den Betriebspunkt 3000 min^{-1}, Volllast 94

Abbildungsverzeichnis

Abb. 85: Messtechnische Differenzierung der Kontaktsituation in den Bolzenlagern 94

Abb. 86: Mischreibungsvergleich bei 1000 min^{-1}, Schlepplast 95

Abb. 87: Vergleich Kontaktdrücke/Kontaktspannung bei 3000 min^{-1}, Volllast 96

Abb. 88: Mischreibungsvergleich bei 3000 min^{-1}, Schlepplast, Vollfüllung 96

Abb. 89: Mischreibungsvergleich bei 3000 min^{-1}, Schlepplast, Teilfüllung 97

Abb. 90: Vergleich der Bolzendrehung bei 1000 min^{-1}, Teillast 98

Abb. 91: Vergleich der Bolzendrehung bei 1000 min^{-1}, Volllast und Vollfüllung 99

Abb. 92: Vergleich der Bolzendrehung bei 1000 min^{-1}, Volllast und Teilfüllung 100

Tabellenverzeichnis

Tabelle 1: Motorspezifikationen [50] 34

Tabelle 2: Spezifikation des Quarzdrucksensors 37

Tabelle 3: Variantenprogramm 57

Tabelle 4: Messprogramm 59

Symbolverzeichnis

Symbol	Bedeutung	Einheit
A_K	Kolbenfläche	[m²]
a	Beschleunigung	[m*s⁻²]
d_K	Kolbendurchmesser	[m]
F_G	Gaskraft	[N]
F_m	Massenkraft	[N]
F_{mosz}	Oszillierende Massenkraft	[N]
F_{mrot}	Rotierende Massenkraft	[N]
F_{NG}	Gleitbahnkraft	[N]
F_{RG}	Radialkraft in Kurbelrichtung	[N]
F_{SG}	Pleuelkraft	[N]
F_{TG}	Tangentialkraft senkrecht zur Kurbel	[N]
I	Stromstärke	[A]
l	Pleuellänge	[m]
M	Drehmoment	[Nm]
m	Masse	[kg]
m_K	Kolbenmasse	[kg]
m_{KW}	Kurbelwangenmasse	[kg]
$m_{KW(r)}$	Rotierende Kurbelwangenmasse	[kg]
m_{OSZ}	Oszillierende Masse	[kg]
m_S	Pleuelmasse	[kg]
m_{Sosz}	Oszillierende Pleuelmasse	[kg]
m_{Srot}	Rotierende Pleuelmasse	[kg]
n	Drehzahl	[min⁻¹]
p	Druck	[bar]
p_G	kurbelwinkelabhängiger Gasdruck	[bar]
p_K	Druck im Kurbelgehäuse	[bar]
Q	Ladung	[C]
r	Kurbelradius	[m]

r_{sKW}	Schwerpunktabstand der Kurbelwange	[m]
s_α	Kolbenweg	[m]
$\ddot{s}_\alpha$	Kolbenbeschleunigung	[m*s^{-2}]
t	Zeit	[s]
U	el. Spannung	[V]
U_{Pt1000}	el. Spannung des Thermoelementes	[V]
U_{thermo}	el. Spannung des Widerstandthermometers	[V]
v	Geschwindigkeit	[m*s^{-1}]
y	Schränkung	[m]
α	Kurbelwinkel	[°KW]
β	Pleuelschwenkwinkel	[°KW]
γ	raumfester Kraftrichtungswinkel	[°W]
λ_s	Schubstangenverhältnis	[-]
μ	Reibungszahl	[-]
ρ	Dichte	[kg*m^{-3}]
ω	Winkelgeschwindigkeit	[s^{-1}]
ϑ	Temperatur	[°C]

Abkürzungsverzeichnis

Abkürzung	Bedeutung
A/D	Analog/Digital
E1	Ebene 1
E2	Ebene 2
EHD	Elastohydrodynamik
GOT	Oberer Totpunkt bei Gaswechsel
HV	Härte Vickers
M1,M2,M3	Messreihe 1-3
NCDT	Non Contacting Displacement Transducers
NKW	Nutzkraftwagen
OT	Oberer Totpunkt
PKW	Personenkraftwagen
UT	Unterer Totpunkt
VAR I,II,III	Variante I,II,III
WS 1-4	Wirbelstromsensor 1-4
ZOT	Oberer Totpunkt bei Zündung

Kurzfassung

Die zeitgemäße Entwicklung von Verbrennungsmotoren führt zu Downsizing und somit zu erhöhten spezifischen Leistungsdichten moderner Motorengenerationen. Die damit einhergehenden gestiegenen Brennraumdrücke bewirken eine mechanische und thermische Mehrbelastung für den Kurbeltrieb, im Speziellen für die Systemkomponente Kolbenbolzenlagerung. Bisherige Auslegungsmethoden scheinen aufgrund einer anwachsenden Anzahl an Schadensfällen im Bereich der Kolbennabe und des kleinen Pleuelauges nicht mehr ausreichend. Für die Auslegung der Kolbenbolzenlagerung werden bestehende Simulationstechniken um die Elastohydrodynamik und die Modellbildung des Reibmomentes in den Lagerstellen erweitert, um das Kinematik-, Reib- und Verschleißverhalten dieser Lagerung realistischer darstellen zu können.

Zur Verifizierung und Validierung dieser erweiterten Simulationsmodelle werden in der vorliegenden Arbeit neue Messmethoden zur Untersuchung des relativen Bewegungsverhaltens der Reibpartner und der Reibungszustände in der Kolbenbolzenlagerung entwickelt, die in experimentellen Untersuchungen an einem befeuerten Vollmotor zum Einsatz kommen. Zur Bestimmung der Relativbewegung werden induktive Wirbelstromsensoren zur Abstandsmessung im Kolben implementiert. Auf diese Weise wird die Relativbewegung zwischen Kolben und Kolbenbolzen erfasst. Dabei ist eine Unterteilung der Bewegung in eine axiale und radiale Richtung sowie eine Drehung des Kolbenbolzens möglich. Das für die Ermittlung des Reibungszustandes konzipierte Messverfahren beruht auf der elektrischen Leitfähigkeit zwischen den Reibpartnern Pleuel, Kolbenbolzen und Kolben und erlaubt eine Aussage darüber, zu welchem Zeitpunkt gleichzeitig Festkörperkontakt in den Lagerstellen der Kolbennabe und des kleinen Pleuelauges vorliegt.

Die messtechnischen Untersuchungen liefern relevante Informationen über die Bewegungsmechanismen und das tribologische Verhalten der Kolbenbolzenlagerung. Generell ist eine starke Abhängigkeit von den Betriebszuständen festzustellen, was aufgrund der unterschiedlichen thermischen und mechanischen Belastungen auf eine sensible Wechselwirkung zwischen den Lagerparametern Lagerspielkontur, Ölfüllungsgrad und Festkörperreibwert zurückzuführen ist.

Ein abschließender Vergleich mit Berechnungsergebnissen aus einem an der Universität Kassel weiterentwickelten Simulationstool, das erstmals nichtlineare elastohydrodynamische Vorgänge in der dynamisch belasteten Kolbenbolzenlagerung unter Berücksichtigung der Wechselwirkung zwischen den Lagerkomponenten erfasst, zeigt qualitativ und quantitativ gute Übereinstimmungen des Bewegungsverhaltens und der Reibungszustände, wobei zum Teil in der Simulation der Schmierstofffüllungsgrad in den Lagerstellen als Eingangsgröße variiert werden musste.

Abstract

The state of the art development of internal combustion engines leads to downsizing and thus to increased specific power densities of modern engine generations. The thereby rising cylinder pressures cause an additional load for the crank drive, especially for the system component piston pin bearing. Due to a rising number of damage incidents in the area of the piston hub and the small connecting rod eye present dimensioning methods seem no longer sufficient. For a reliable design of the piston pin bearing existing simulation techniques must be extended by elastohydrodynamic interaction and modeling of the friction moment equilibrium in the bearings.

For the verification and validation of these calculation results new measuring methods, which are used in experimental studies on a full engine for the investigation of the piston pin movement and the friction conditions in the bearings, are developed in the present work. To determine the piston pin movement inductive distance sensors are implemented in the piston. In this way the relative movement between the piston and the piston pin is detected. Thereby a partitioning of the movement is possible in an axial and radial direction as well as a rotation of the piston pin. The measuring method conceived for the determination of the friction conditions is based on the electrical conductivity between the friction partners connecting rod, piston pin and piston and permits a statement of an existing solid body contact in the bearings of the piston hub and the small connecting rod eye at the same time.

The measurement technology studies supply relevant information about the tribological behaviour and the mechanism of movement of the piston pin bearing. Generally a strong dependency on the operating conditions is detected, what - due to the different thermal and mechanical loads - is caused by a sensitive interaction between the bearing parameters contour, lubricant filling state and solid body friction value. A concluding comparison with the calculation results shows qualitatively and quantitatively good agreements of the movements and the friction conditions The unknown lubricant filling state in the bearings as an input parameter of the simulation had to be varied in some cases.

1 Einleitung

Die steigende Nachfrage nach verbrauchs- und schadstoffoptimierten und zugleich leistungsfähigeren Verbrennungsmotoren führt zu Downsizing und erhöhten spezifischen Leistungsdichten neuer Motorengenerationen. Damit einhergehend stellen sich deutlich gestiegene Brennraumdrücke und Temperaturen in den Zylindern ein, die zu erhöhten mechanischen und thermischen Belastungen an den Bauteilen und in den Lagerstellen des Kurbeltriebs führen (**Abb. 1**). Ein wesentlicher Teilkomplex der Kurbeltriebdynamik wird bestimmt durch die mechanische und tribologische Beanspruchung der Systemkomponente Kolbenbolzenlagerung, deren Höhe von funktions- und lebensdauerbestimmender Bedeutung ist.

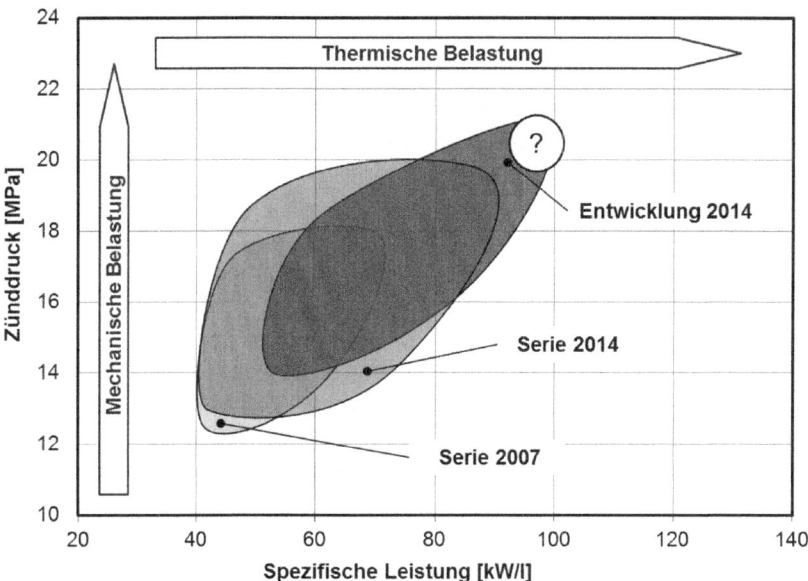

Abb. 1: Zünddrücke und Leistungsdichten von PKW-Dieselanwendungen [1]

Die im Einsatz befindlichen Lösungen zu einer gestaltfesten Auslegung der Kolbenbolzenlagerung beruhen auch heute noch auf den elementaren Berechnungsgrundlagen von Schlaefke aus dem Jahr 1940 [2]. In Verbindung mit häufig empirisch ermittelten Erfahrungswerten aus motorischen und außermotorischen Untersuchungen der Hersteller und Zulieferer sind Grenzbeanspruchungen für eine betriebssichere Auslegung der Kolbenbolzenlagerung abgeleitet worden, die aufgrund einer zunehmenden Anzahl an Schadensfällen im Bereich der Lagerstellen Kolbennabe und kleines Pleuelauge nicht mehr ausreichend erscheinen. Diese erreichen bei aktuellen geometrischen Auslegungen und den derzeit verfügbaren Werkstoffen oftmals die Belastungsgrenze hinsichtlich Verschleiß und tribologischer Beanspruchung.

Eine komplette Vorausberechnung zur Auslegung dieses Lagersystem unter Berücksichtigung aller Randbedingungen ist derzeit nicht möglich. Eine zuverlässige Auslegung erfordert daher eine realitätsnahe Abbildung der maßgeblichen Einflussgrößen der Rück- und Wechselwirkung der beiden Lagersysteme Kolbennabe und kleines Pleuelauge hinsichtlich der Kolbenbolzenbewegung, der Lagerdeformation, des Trag- und Mischreibungsverhaltens.

Eine Weiterentwicklung bestehender Simulationstechniken bedarf stets einer Validierung durch experimentelle Untersuchungen, um eine Verwendbarkeit der Berechnungsergebnisse in Bezug auf reale motorische Betriebsbedingungen ableiten zu können. Wesentlicher Bestandteil dieser Arbeit ist die Durchführung solcher experimentellen Untersuchungen an einem Verbrennungsmotor zur Verifikation der zu entwickelnden Simulationstechniken. Hierzu gehören die Entwicklung von Messverfahren und deren Anwendung an einem befeuerten Vollmotor zur Ermittlung von Eingangs- und Validierungsgrößen für Simulationsberechnungen.

Als maßgebliche Eingangsgröße ist die Temperatur am Kolben und am Pleuel zu erfassen. Sie ist eine grundlegende Größe, um thermisch bedingte Lagerdeformationen und die daraus resultierenden Lagerspiele möglichst exakt abbilden zu können. Daher sollte die Temperatur kolben- und pleuelseitig möglichst nahe an den Lagerstellen bestimmt werden.

Als Validierungsgrößen werden die aus der Kinematik und Dynamik des Kurbeltriebs resultierenden Bewegungsmechanismen der Kolbenbolzenlagerung und deren Reibungszustand ermittelt. Um eine Aussage über das Bewegungsverhalten des Lagersystems treffen zu können, wird ein Messverfahren entwickelt, das die Bewegung des Kolbenbolzens relativ zum Kolben veranschaulicht. Dies wird durch ein kolbenfest appliziertes Messsystem realisiert, das die Erfassung der axialen und radialen Relativbewegung sowie der Rotation bezüglich zur Bolzenachse ermöglicht. Zur Untersuchung der Reibzustände in den Lagerstellen Kolbennabe und kleines Pleuelauge wird

1 Einleitung

ein Messprinzip entworfen, das sich der Eigenschaft der elektrischen Leitfähigkeit der Lagerkomponenten bedient, und eine Aussage darüber erlaubt, zu welchem Zeitpunkt eines Arbeitsspiels die Reibpartner zueinander in Festkörperkontakt treten und kein vollständiger hydrodynamischer Schmierfilm mehr besteht.

Mit Hilfe unterschiedlicher Varianten bezüglich der Kolbennaben- und Kolbenbolzengeometrie und verschiedener Betriebszustände sollen relevante Informationen über das tribologische Verhalten und den damit einhergehenden Bewegungsmechanismen des Systems Kolbenbolzenlagerung ermittelt werden.

2 Stand der Technik

In der modernen Produktentwicklung dienen experimentelle Untersuchungen nicht nur zur Validierung von Bauteilauslegungen sondern auch zur Verifizierung komplexer Simulationsverfahren. Sie liefern grundlegende Randbedingungen und ermitteln Belastungs- und Anregungsgrößen, die auf die Komponenten wirken. Darüber hinaus können kombinierte und spezielle Messverfahren während des Motorbetriebs vor allem reale Bedingungen in ihrer Gesamtheit erfassen und somit bisher unbekannte Effekte und Mechanismen aufzeigen.

2.1 Spezielle Messverfahren an Motorkomponenten

Die Erarbeitung eines Messverfahrens erfordert zunächst grundlegende Überlegungen zu der interessierenden Messgröße, der Sensorik, der untersuchenden Komponente und der Datenübertragung. Letztere wird maßgeblich durch das Bewegungsverhalten der Motorkomponente beeinflusst. Auch der Wertebereich und das zeitliche Auftreten des interessierenden Messsignals, wie kontinuierlich oder diskontinuierlich, bestimmen die Art der Messeinrichtung. Im Folgenden wird nur auf die ununterbrochene Signalübertragung eingegangen, da für eine aussagekräftige Untersuchung der Kolbenbolzendynamik ein kurbelwinkelbasiertes Signal erforderlich ist.

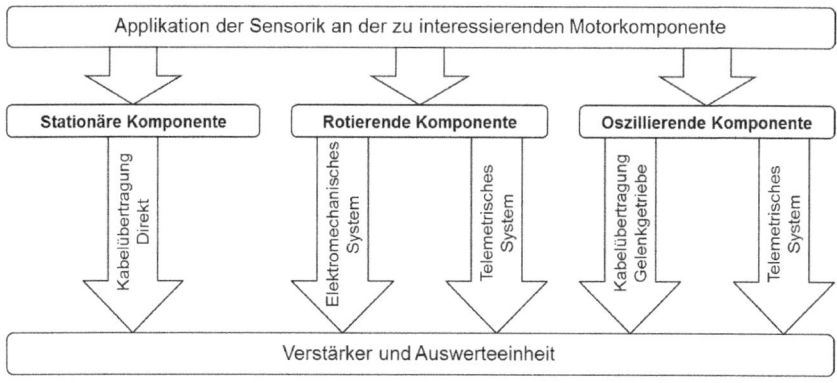

Abb. 2: Signalübertragungsarten in Abhängigkeit der Motorkomponente [3]

Abb. 2 stellt die Möglichkeiten der Datenübertragung abhängig von der Bewegungsart der Motorkomponente, auf welcher die Sensorik appliziert wird, dar. Bei stationären Komponenten ist meist eine direkte Signalübertragung über Leitungen möglich. Die Datenübertragung von einer rotierenden Komponente zu einem festen Bauteil kann nicht mehr leitungsgebunden erfolgen. Daher kommen hierbei entweder elektromechanische Systeme, die über einen Gleitkontakt, wie z.B Schleifringe, die Datenübertragung herstellen, oder telemetrische Systeme zum Einsatz. Bei oszillierenden Komponenten bedient man sich heutzutage ebenfalls der Telemetrie oder wiederum der leitungsgebundenen Übertragung mit Hilfe eines Gelenkgetriebes. Da das System Kolbenbolzenlagerung eine oszillierende Bewegung ausführt, die letzteren beiden Übertragungsarten von besonderem Interesse [4].

Das telemetrische Verfahren per Funk ermöglicht eine kontinuierliche Signalübertragung. Das System besteht aus Verstärker, Sender, Empfänger und Datenerfassung. Die Sender-Empfänger-Einheit übernimmt sowohl die Funktion der Datenübertragung als auch die Spannungsversorgung der bewegten Einheiten. Die Signale können zusammen mit anderen Messgrößen direkt zeitsynchron aufgezeichnet werden. Eine Restriktion gibt der Messverstärker, der nur eine begrenzte Anzahl an Messkanälen zur Verfügung hat und somit oft der erforderlichen hohen Anzahl an Sensoren nicht gerecht werden kann.

Das leitungsgebundene Verfahren mit Hilfe eines Gelenkgetriebes ermöglicht ebenfalls eine kontinuierliche Signalübertragung und basiert auf der Grundlage, die Sensorleitungen von einem bewegten Körper über eine geeignete Mechanik zu einer feststehenden Anbindung zu führen. Realisiert wird dies über ein Gelenkgetriebe, bestehend aus einem Schubgelenk, einer Koppel und einer Schwinge. Das Schubgelenk wird z.B. durch den Kolben dargestellt. Die Schwinge und Koppel werden so ausgeführt, dass sie im bestehenden Bauraum und unter Beachtung derer Kinematik aus dem Kurbelgehäuse geführt und dort an einem ruhenden Lager befestigt werden. Die Sensorleitungen werden entlang der Stäbe des Gelenkgetriebes fixiert und durch die Drehachse der Gelenke hindurchgeführt. Dabei ist zu beachten, dass diese möglichst auf Torsion und nicht auf Biegung beansprucht werden, um Leitungsbrüche aufgrund der hohen Schwingspiele zu vermeiden. Trotz der wachsenden Bedeutung der telemetrischen Datenübertragung existieren nach wie vor Anwendungsfälle, die entweder aufgrund der erforderlichen Sensorik, der hohen Kanalzahl oder der nicht erreichbaren Übertragungsbandbreite die leitungsgebundenen Übertragungswege im Vergleich zur Telemetrie attraktiver erscheinen lassen und keinesfalls nur eine Notlösung darstellen.

2.1 Spezielle Messverfahren an Motorkomponenten

Die Auswahl der Sensorik ist nicht nur von der zu messenden physikalischen Größe, sondern auch von dem konzipierten Messprinzip abhängig. Eine Rotation kann beispielsweise durch eine optische Flankenzählung aber auch durch eine induktive Abstandsmessung auf einer definierten Kurve bestimmt werden. Weitere Kriterien wie Bauraumbedarf, Auflösung, Genauigkeit, Temperaturbeständigkeit und mechanische Belastbarkeit sind bei der Auswahl miteinzubeziehen.

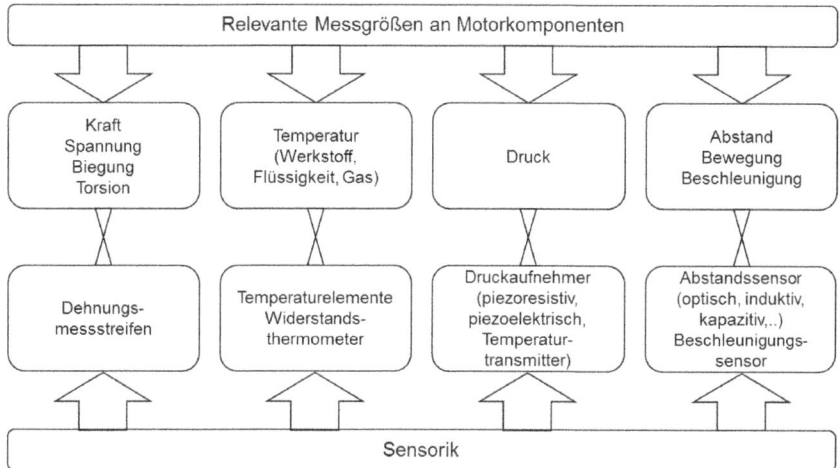

Abb. 3: Relevante Messgrößen an Motorkomponenten [3]

Abb. 3 zeigt relevante Messgrößen an Motorkomponenten und die entsprechende Sensorik zu derer Erfassung. Nicht jeder Sensortyp lässt sich beliebig mit den beschriebenen Datenübertragungssystemen kombinieren. Je nach Komponente, Messgröße und Einbaubedingung der Sensorik ist daher eine hohe Individualisierung bei der Erstellung eines Messverfahrens notwendig [5].

2.1.1 Bewegungsuntersuchungen an der Kolbenbolzenlagerung

Experimentelle Untersuchungen des Verhaltens der Kolbenbolzenlagerung können direkt an einem befeuerten Verbrennungsmotor oder auf einer außermotorischen Prüfeinrichtung, die die Belastungen auf die Kolbenbolzenlagerung nachstellt, erfolgen. Die Vor- und Nachteile der beiden Methoden sind erheblich. Bei einem außermotorischen Prüfstand sind die Applikation der Sensoren und die Datenübertragung vergleichsweise einfach zu realisieren. Auch die Anzahl der Messkanäle ist kaum signalübertragenden Restriktionen unterlegt. Eine große Herausforderung ist, die Randbedingungen der Kolbenbolzenlagerung möglichst realitätsnah darzustellen. Bei Messungen direkt an einem Verbrennungsmotor sind zwar die Randbedingungen gegeben, jedoch ist der Aufwand für das Messverfahren wesentlich höher. Die Einbaubedingungen sind durch die engen Platzverhältnisse eingeschränkt und durch die oszillierende Bewegung des Gesamtsystems der Lagerung müssen Datenübertragungswege mittels Telemetrie verwendet werden oder leitungsgebunden über Gelenkgetriebe erfolgen. Besonderes Augenmerk ist darauf zu legen, dass durch die Applikation der Messtechnik möglichst nicht in das System der Bolzenlagerung eingegriffen wird, um die tribologischen Bedingungen in den Lagerstellen und das Bewegungsverhalten der einzelnen Komponenten nicht zu beeinflussen.

Untersuchungen an der Kolbenbolzenlagerung wurden vor dem Hintergrund, Systemverständnis aufzubauen oder neu entwickelte Simulationstechniken zu validieren, bereits auf verschiedene Arten durchgeführt. In [6] wird eine Bewegungsuntersuchung eines schwimmend gelagerten Kolbenbolzens relativ zur Kolbennabe an einer außermotorischen Prüfeinrichtung dargestellt.

Der Prüfstand besteht aus einer Hauptvorrichtung, die ein System zur Belastungsbeaufschlagung und die Kolbenbolzenlagerung beinhaltet (**Abb. 4**). Die Aufbringung der Last wird durch einen Druckaktuator am Pleuel realisiert. Der Last wird mit Hilfe eines Nockensystems eine Pleuelschwenkbewegung überlagert.

Die Drehbewegung des Kolbenbolzens wird optisch mit einer Hochgeschwindigkeitskamera erfasst. Dazu wird an der Stirnseite des Kolbenbolzens ein Marker angebracht Mit Hilfe einer Bildanalyse kann die Rotation des Bolzens berechnet werden. Die Versuche wurden bei Raumtemperatur durchgeführt. Für eine realitätsnahe Untersuchung können hauptsächlich Randbedingungen, wie Gasdruckbelastung auf den Kolbenboden, temptaturbedingte Deformationen, Schmierungs- und Warmspielverhältnisse in den Lagerstellen und die Kolbensekundärbewegungen in der Zylinderlaufbuchse nicht abgebildet werden.

2.1 Spezielle Messverfahren an Motorkomponenten

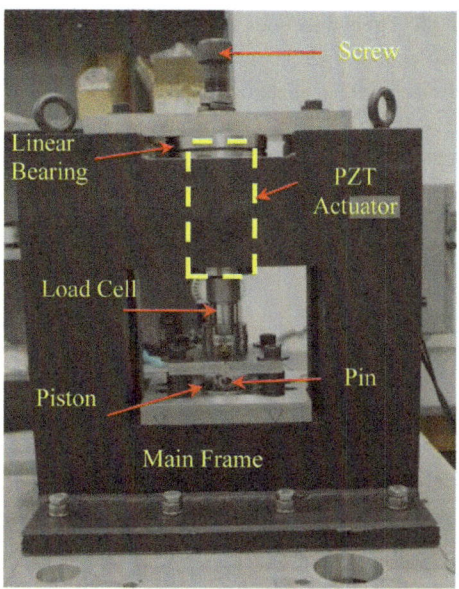

Abb. 4: Außermotorische Prüfeinrichtung zur Untersuchung der Kolbenbolzenbewegung [6]

In [7] dient neben der Temperaturmessung am Kolbenbolzen die Detektierung der Kolbenbolzenrotation zur Beurteilung der Entstehung von Nabenreibern. Im Gegensatz zu [6] werden die Untersuchungen an einem befeuerten NKW Verbrennungsmotor mit Stahlkolben durchgeführt, um möglichst realitätsnahe Randbedingungen für die Kolbenbolzenlagerung zu gewährleisten. Zur Datenübertragung wird ein telemetrisches System herangezogen.

Abb. 5 zeigt den NKW Stahlkolben mit der Messausrüstung für die telemetrische Datenübertragung. Am Kolbenschaft ist der Messverstärker angebracht, zu dem alle Leitungen der Sensoren geführt werden. Die Sendereinheit befindet sich am Kolbenfenster. Auf der gegenüberliegenden Fensterseite ist die Messtechnik zur Erfassung der Kolbenbolzenrotation implementiert. Auch hier wird ein optisches Verfahren gewählt, das die Flanken eines auf dem Kolbenbolzen aufgesetzten Zahnkranzes erfasst. In **Abb. 5** ist auf der Fensterseite der Zahnkranz zu sehen. Direkt darüber befindet sich der optische Transmitter. Wesentlicher Nachteil dieses optischen Systems ist die geringe Auflösung von 3,6° Drehwinkel des Kolbenbolzens, was eine keine exakte Verlaufsdarstellung der Kolbenbolzendrehbewegung innerhalb eines Arbeitsspiels erlaubt. Der Rückschluss auf einen Effekt bezüglich Nabenreiber konnte nicht ermittelt werden. Unabhängig von Motorlast und –drehzahl konnten keine wesentlichen Unterschiede der Kolbenbolzendrehzahl gemessen werden.

Abb. 5: NKW Stahlkolben mit Messausrüstung für eine telemetrische Datenübertragung [7]

[8] und [9] beschäftigen sich mit der Untersuchung der Kolbenbolzenlagerung, wobei hier eine leitungsgebundene Datenübertragung mittels Gelenkgetriebe gewählt wird. In [8] erfolgt die Anlenkung der Koppel über eine Bohrung unter dem Pleuelauge im Gegensatz zu [9], wo die Anlenkung am Kolben über der Nabe realisiert ist. Die Fixierung des Schubgelenkpunktes an der Nabe führt zu einem Eingriff in die Nabengeometrie, was erheblichen Einfluss auf die last- und temperaturbedingte Nabendeformation ausübt. Die unterschiedlichen Ankopplungen resultieren aus den Messprinzipien, die entweder eine kolben- oder pleuelseitige Sensorapplikation erfordern. Um möglichst wenig in das Lagerungssystem einzugreifen, ist auch bei einer kolbenfesten Sensorik eine Kopplung am Pleuel anzustreben, das jedoch die Herausforderung mit sich bringt, die Sensorleitungen vom Kolben zum schwenkenden Pleuel so anzubringen,

2.1 Spezielle Messverfahren an Motorkomponenten

dass möglichst keine freiliegenden Leitungswege entstehen, um Leitungsbrüche zu vermeiden.

In [8] wird ein pleuelfestes Messverfahren vorgestellt, um die Bewegung des Kolbenbolzens relativ zum Pleuel zu untersuchen. Hierbei wird ein berührungsloses Messsystem auf Wirbelstrombasis eingesetzt und insgesamt werden drei Abstandssensoren verbaut, um die Rotations-, Axial- und Radialbewegung des Kolbenbolzens zu messen (**Abb. 6**). Eine auf dem Bolzen konisch zulaufende Nut bewirkt bei korrekter Ausrichtung des Rotationssensors durch eine veränderte Materialanhäufung gemäß der Umfangsbewegung eine Impedanzänderung der Sensorspule und stellt so ein Maß der Drehbewegung dar [8].

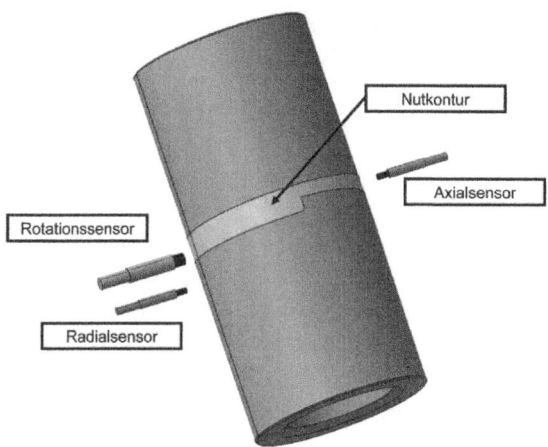

Abb. 6: Pleuelfestes Messverfahren für die Kolbenbolzenbewegung [8]

Eine arbeitsspielbezogene Diskussion der Rotation wird in [8] nicht diskutiert. Es ist anzunehmen, dass die Kompensation zwischen der Radialbewegung und der Messung der Materialanhäufung auf der konisch zulaufenden Nut hierfür nicht ausreicht.

Ein kolbenfestes Messverfahren wird in [9] verwirklicht. Die Analyse der Kolbenbolzendrehung wird mit am Kolben verbauten induktiven Wegaufnehmern umgesetzt (**Abb. 7**).

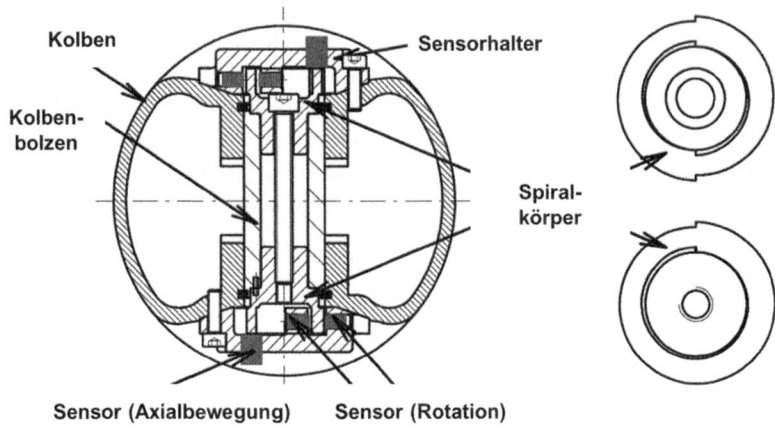

Abb. 7: Kolbenfestes Messverfahren für die Kolbenbolzenbewegung [5], [9]

Um eine kontinuierliche Messgröße für die Bestimmung der Rotation zur Verfügung zu stellen, werden hier zwei Spiralkörper als Messobjekt am Kolbenbolzen angebracht. Die Spiralkörper sind mit einer Aufnahme zur Einführung in den Kolbenbolzen versehen wobei eine enge Spielpassung in der Bolzenbohrung als Führung dient. Eine einseitig angebrachte Gewindebohrung gestattet die axiale Fixierung der Spiralkörper durch Verspannen gegen den Kolbenbolzen mittels einer Schraube. Das Verdrehen der Spiralkörper wird durch Verstiftungen mit dem Kolbenbolzen verhindert. Die induktiven Wegaufnehmer zur Bestimmung der Rotation, sowie Aufnehmer für die Axialbewegung, wurden auf einer Sensoraufnahme fixiert und am Kolbenhemd befestigt [9].

In der vorliegenden Arbeit werden erstmalig gleichzeitig neben der Rotation und der Axialbewegung auch die radiale Bewegung des Kolbenbolzens relativ zum Kolben und der Festkörperkontakt in den Lagerstellen unter gegenseitiger Wechselwirkung erfasst. Die experimentellen Untersuchungen werden an einem befeuerten Vollmotor durchgeführt und die Datenübertragung erfolgt leitungsgebunden mit Hilfe eines Gelenkgetriebes. Um den Einfluss der Messtechnik auf das Verhalten der Kolbenbolzenlagerung zu minimieren, wurden im Vergleich zu den oben genannten Verfahren Optimierungen vorgenommen. Die Datenübertragung wurde dahingehend verbessert, dass trotz kolbenfester Sensorik die Kopplung am Pleuel realisiert wurde, um die Einflüsse der Getriebedynamik und des Eingriffes in die Nabengeometrie auf das System der Kolbenbolzenlagerung zu eliminieren. Zusätzlich konnte bei der Detektierung der Kolbenbolzenrotation relativ zum Kolben auf ein zusätzlich am Bolzen angebrachtes Messobjekt verzichtet werden, um die lastbedingte Biegung und Ovalisierung des Bolzens nicht zu unterbinden, welche wesentliche Elemente für die Spielgebung der Kolbenbolzenlagerung darstellen.

2.2 Tribologische Untersuchungen an der Kolbenbolzenlagerung

Tribologische Untersuchungen an einem befeuerten Vollmotor stellen eine große Herausforderung dar, insbesondere wenn Randbedingungen, wie Bewegungsverhalten, Temperaturen, Formkonturen und Schmierungsbedingungen zusätzlich erfasst und durch die Applikation der Messtechnik nicht beeinflusst werden sollen. Tribologische Größen, wie Verschleiß, Reibung und Schmierung können aufgrund der hohen Komplexität der Messtechnik, der Platzverhältnisse und den damit einhergehenden Beeinträchtigungen des tribologischen Systemverhaltens nur eingeschränkt ganzheitlich hinsichtlich ihrer Wechselwirkungen an einem Versuchsträger ermittelt werden.

Eine bewährte Methode, den Verschleißprozess zeitlich zu verfolgen, stellt die Radionuklidtechnik dar. Hierzu werden die zu untersuchenden Teile durch Zyklotonbestrahlung mit geladenen Teilchen an der Oberfläche bis in Tiefen zwischen 10 µm und 100 µm radioaktiv markiert. Durch Filterung des Schmieröls wird der Abrieb radioaktiver Partikel detektiert und es kann eine Aussage über das Verschleißverhalten des Bauteils getroffen werden [10].

In [11] wird eine kombinierte Verschleiß- und Rotationsmessung angewandt. Der Verschleiß wird mit Hilfe der Radionuklidtechnik beurteilt. Ziel hierbei ist, das Reibungs- und Verschleißverhalten mit Hilfe der Kolbenbolzenbewegung zu ermitteln und unter Berücksichtigung berechneter Schmierungszustände ein Modell zur Prognose des Verschleißverhaltens zur Verfügung zu stellen.

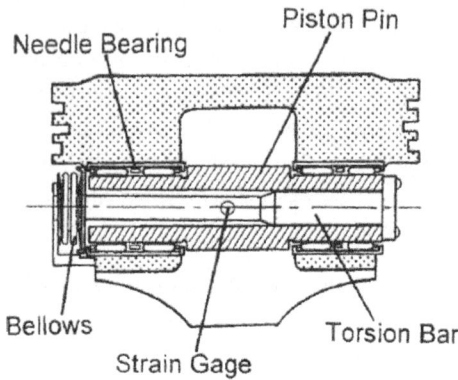

Abb. 8: Messprinzip der Reibmomentenmessung [12]

[12] zeigt eine Reibmomentenmessung an der Lagerung kleines Pleuelauge und Kolbenbolzen. Ein mit Dehnungsmessstreifen bestückter Torsionsstab wird in der Bohrung des Kolbenbolzens so verbaut, dass das eine Ende des Stabes am Kolbenbolzen fixiert ist. Das andere Ende wird über ein Faltenbalg am Kolben befestigt. Dieser ist notwendig, um Kolbenbolzendeformationen zu kompensieren (**Abb. 8**). In den Kolbennaben wurden Nadellager eingesetzt, bei denen mit Hilfe einer außermotorischen Testvorrichtung im Vorgang die Reibmomente ermittelt wurden. Dadurch können die Reibmomente im kleinen Pleuelauge und in den Kolbennaben differenziert werden.

Tribologische Untersuchungen werden meist durchgeführt, um Eingangsgrößen für Simulationsmodelle zu ermitteln. Bei der vorliegenden Arbeit wird ein Verfahren angewandt, um Reibungszustände wie Festkörperkontakt oder Hydrodynamik während der Bewegung des Kolbenbolzens relativ zum Kolben an einem befeuerten Vollmotor differenzieren zu können. Dadurch ist es möglich durch simulatorische Variation der Schmierstofffüllungszustände bei Hydrodnamik in den Lagerstellen Berechnungsmodelle und experimentelle Ergebnisse bzgl. des Bewegungsverhaltens des Kolbenbolzens abzugleichen.

3 Theoretische Grundlagen

3.1 System Kolbenbolzenlagerung

In Verbrennungsmotoren gibt es eine Vielzahl von Lagerstellen. Je nach Beanspruchung und Anforderung kommen entweder Gleit- oder Wälzlager zum Einsatz.

In mehrzylindrigen Hubkolbenmotoren erfolgt die Lagerung von Wellen, Kurbeltrieb und Ventiltrieb in der Regel mit Gleitlagern. Die Gründe dafür sind die hohe Stoßbelastbarkeit und Dämpfung, die leichte Teilbarkeit zur Montage von Kurbel- und Nockenwelle, der geringe Platzbedarf, Unempfindlichkeit gegenüber Verschmutzung und die niedrigen Kosten im Vergleich zu Wälzlagern. Prinzipieller Nachteil von Gleitlagern gegenüber Wälzlagern ist die höhere Reibung und der daraus resultierende höhere Ölbedarf. Wälzlager werden in Verbrennungsmotoren zum Teil dort eingesetzt, wo die Vorteile des Gleitlagers nicht zum Tragen kommen, z.B. im Kurbeltrieb von kleinen Einzylinder- und Zweitaktmotoren, in der Lagerung des Rädertriebs und zunehmend in Ventiltrieben mit Rollenstößel, sowie zur Lagerung von Ausgleichswellen.

Die Kolbenbolzenlagerung ist Teil der kinematischen Umsetzung der oszillierenden Kolbenbewegung in die rotierende Bewegung der Kurbelwelle. Aufgrund der Schwenkbewegung der Pleuelstange und der Beanspruchung durch Gas- und Massenkräfte ist die Kolbenbolzenlagerung einer anspruchsvollen dynamischen Belastung bei nicht definierten Schmierverhältnissen ausgesetzt [13], [14], [15], [17], [18].

3.1.1 Komponenten der Kolbenbolzenlagerung

Die Kolbenbolzenlagerung besteht aus mindestens drei Komponenten, dem Kolben, dem Kolbenbolzen und der Pleuelstange, die in ihrer Einheit eine Lagerung mit mehreren Reibpartnern ergeben. Je nach Höhe der Belastung und Ausführung der Lagerung, wie schwimmend oder im Pleuel geklemmt, können noch Zusatzkomponenten wie Lagerbuchsen und Sicherungsringe zur Verhinderung des seitlichen Auswanderns des Bolzens Bestandteil der Lagerung sein (**Abb. 9**). Im Folgenden wird hinsichtlich des Versuchsträgers und der zeitgemäßen Ausführung von PKW Motoren nur noch auf die schwimmende Lagerung des Kolbenbolzens eingegangen [13], [14].

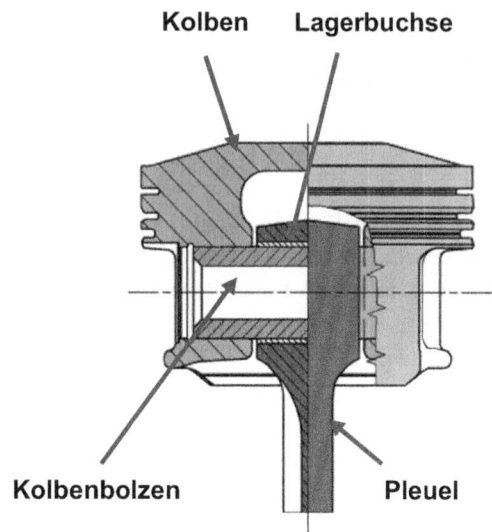

Abb. 9: Komponenten der Kolbenbolzenlagerung [19]

Der Kolben besitzt primär die Funktion der Kraftübertragung infolge der Gaskraft und führt dabei eine oszillierende Bewegung aus. Zudem ist er ein wichtiges Element zur Gestaltung und Begrenzung des Brennraums und dessen Abdichtung zur Vermeidung des Durchblasens der Verbrennungsgase in das Kurbelgehäuse und umgekehrt der Schmierölförderung in den Brennraum [14].

Der Kolbenbolzen wird sowohl in der Kolbennabe als auch im kleinen Pleuelauge drehbar gelagert. Er ist somit das kraftübertragende Verbindungsglied zwischen der oszillierenden Bewegung des Kolbens und der rotierend schwenkenden Bewegung des kleinen Pleuelauges. Aufgrund der schwimmenden Lagerung besitzt der Kolbenbolzen eine axiale, radiale und rotierende Bewegungsfreiheit relativ zum Kolben und Pleuelauge.

3.1 System Kolbenbolzenlagerung

3.1.2 Belastung und Beanspruchung der Kolbenbolzenlagerung

Die Belastung auf die Kolbenbolzenlagerung wird im Wesentlichen durch die am Kurbeltrieb herrschenden Gas- und Massenkräfte bestimmt.

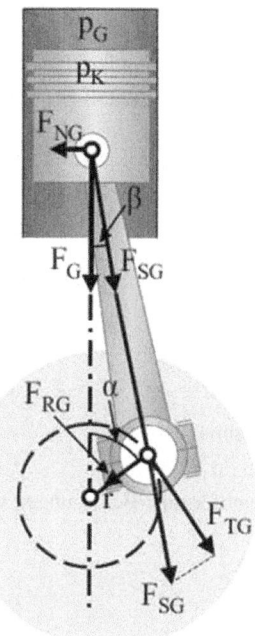

Abb. 10: Wirkung der Gaskraft am Kurbeltrieb [13]

Die Gaskraft, die auf den Kolben wirkt, beträgt:

$$F_G = p_G \cdot A_K \tag{3.1}$$

mit

$$A_K = \frac{\pi \cdot d_K^2}{4}$$ (Kolbenfläche) und p_G (kurbelwinkelabhängiger Gasdruck) (3.2)

Höhe und Verlauf des Gasdruckes und somit der Gaskraft hängen unter anderem vom Arbeitsverfahren und der Motorauslegung ab. **Abb. 10** zeigt die Wirkung der Gaskraft am Kurbeltrieb.

Im Kolbenbolzen wird die Gaskraft in die Pleuelkraft F_{SG} und die senkrecht zur Zylinderachse wirkende Gleitbahnkraft oder Normalkraft F_{NG} zerlegt.

Die Pleuelkraft ergibt sich zu

$$F_{SG} = \frac{F_G}{\cos\beta} = \frac{F_G}{\sqrt{1-\lambda_S^2 \cdot \sin^2\alpha}} \qquad (3.3)$$

und die Gleitbahnkraft zu

$$F_{NG} = F_{SG} \cdot \sqrt{1-\cos^2\beta} = F_{SG} \cdot \lambda_S \cdot \sin\alpha. \qquad (3.4)$$

Massenkräfte werden durch ungleichförmige Bewegungen von Massen hervorgerufen. Allgemein gilt für die Massenkraft F_m:

$$F_m = m \cdot a. \qquad (3.5)$$

Die Beschleunigung, welcher das System der Kolbenbolzenlagerung ausgesetzt ist, lässt sich mit der Kolbenbeschleunigung gleichsetzen und resultiert aus der Kinematik des Kurbeltriebs, welche in **Abb. 11** dargestellt ist.

3.1 System Kolbenbolzenlagerung

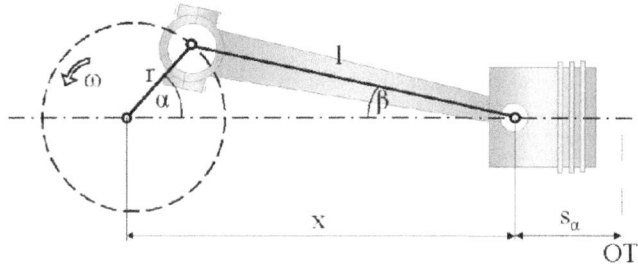

Abb. 11: Kinematik des Kurbeltriebs eines Hubkolbenmotors [13]

Durch die Differentiation des Kolbenweges s_α

$$s_\alpha = r + l - x = r + l - r \cdot \cos\alpha - l \cdot \cos\beta \tag{3.6}$$

lässt sich die Kolbenbeschleunigung $\ddot{s}_\alpha$ vereinfacht wie folgt darstellen:

$$\ddot{s}_\alpha = \omega^2 \cdot r \cdot (\cos\alpha + \lambda_S \cdot \cos 2\alpha). \tag{3.7}$$

Wie beschrieben führt der Kolben eine oszillierende, die Kurbel eine rotierende und das Pleuel eine zusammengesetzte (rotierend und oszillierend) Bewegung aus. Zur Berechnung der Massenwirkung des Triebwerks wird ein Ersatzsystem einer Zylindereinheit gewählt. Die Massenwirkung kann in guter Näherung durch zwei Ersatzmassen, der oszillierenden Masse $m_{S_{osz}}$ und der rotierenden Masse $m_{S_{rot}}$ dargestellt werden [13], [20].

Für die mit dem Kolben hin- und hergehende Masse m_{osz} gilt

$$m_{osz} = m_{S_{osz}} + m_K \quad \text{mit } m_{S_{rot}} \cdot l_1 = m_{S_{osz}} \cdot l_2 \tag{3.8}$$

und die Pleuelmasse m_S kann aufgeteilt werden in

$$m_S = m_{S_{rot}} + m_{S_{osz}}. \tag{3.9}$$

Für die rein rotierende Kurbelwangenmasse gilt

$$m_{KW(r)} = \frac{r_{SKW}}{r} \cdot m_{KW}. \tag{3.10}$$

Die rotierende Massenkraft ergibt sich somit zu

$$F_{m_{rot}} = \left(m_{KZ} + \frac{r_{SKW}}{r} \cdot m_{KW} + m_S \cdot \frac{l_2}{l_1 + l_2} \right) \cdot r \cdot \omega^2 \tag{3.11}$$

und die oszillierende Massenkraft zu

$$F_{m_{osz}} = \left| \left(m_K + m_S \cdot \frac{l_1}{l_1 + l_2} \right) \cdot r \cdot \omega^2 \cdot (\cos\alpha + \lambda_S \cos 2\alpha) \right| \text{ [13]}. \tag{3.12}$$

Ausgehend von den zeitlich veränderlichen Zylinderdrücken und den sich nicht nur in Größe sondern auch in der Richtung ändernden Massenkräften sind die auf die Kolbenbolzenlagerung wirkenden Kräfte dynamisch. Der Belastungsverlauf wiederholt sich bei stationären Betriebszuständen periodisch mit jedem Arbeitsspiel. **Abb. 12** zeigt exemplarisch anhand eines Einzylinder-Viertaktmotors die auf den Kolbenbolzen wirkenden Kräfte bei Volllastbetrieb und einer Drehzahl von 3600 min[-1].

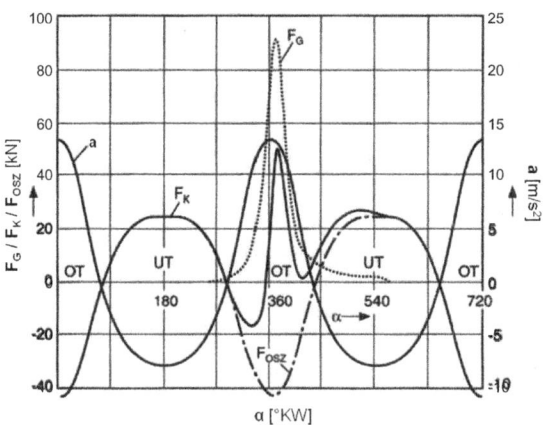

Abb. 12: Kraftverläufe am Kolbenbolzen [21]

3.1 System Kolbenbolzenlagerung 21

Dargestellt sind die Gaskraft F_G, die oszillierende Massenkraft F_{OSZ} und die am Kolben resultierende Kraft F_K über ein Arbeitsspiel in Abhängigkeit des Kurbelwinkels α. Zudem ist die Kolbenbeschleunigung aufgetragen, um zu veranschaulichen, dass die Massenkraft der resultierenden Kolbenkraft entgegenwirkt [22].

Um die dynamische Belastung der Kolbenbolzenlagerung weiter zu verdeutlichen, kann man ein Lagerkraftpolardiagramm des Kolbenbolzenlagers hinzuziehen. **Abb. 13** zeigt die resultierende Kraft auf den Kolbenbolzen eines Viertakt-Dieselmotors. Die an der Kurve eingetragenen Punkte geben den Kurbelwinkel α in 30°-Schritten wieder und γ den raumfesten Kraftrichtungswinkel bezogen auf die Zylinderachse. Der Stern markiert den Startpunkt bei 0 °KW und den Endpunkt bei 720 °KW eines Arbeitsspiels. Hierbei wird verdeutlicht, dass die Kolbenbolzenlagerung einer hohen dynamischen Belastung eingehend mit einem Richtungswechsel der auf den Kolbenbolzen wirkenden Kraft ausgesetzt ist [21].

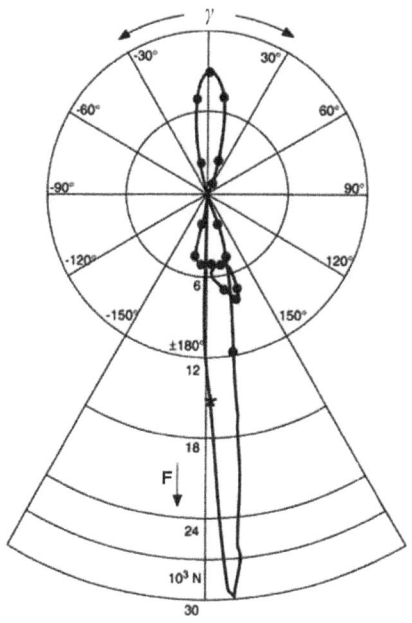

Abb. 13: Lagerkraftpolardiagramm des Kolbenbolzenlagers [21]

Sowohl durch diese hohen mechanischen als auch die thermischen Belastungen der Systemkomponenten der Kolbenbolzenlagerung resultieren Verformungen, die maßgeblich Einfluss auf das Tragverhalten der Reibpartner Kolbennabe, Kolbenbolzen und kleines Pleuelauge nehmen.

Die mechanische Beanspruchung des Kolbens wird sowohl direkt durch die am Kolben wirkenden Gas- und Massenkräfte und deren Reaktionskräfte in der Nabe als auch durch die am Schaft wirkenden Seiten- und Reibungskräfte hervorgerufen. Das linke Bild in **Abb. 14** veranschaulicht die Deformation des Kolbens mit Kolbenbolzen unter dem Einfluss der Gaskraft in stark überdimensionierter Darstellung. Durch den Kraftfluss zum Kolbenbolzen ergibt sich eine sattelartige Deformation des Kolbenbodens, die zu kritischen Kantenbildungen im inneren und äußeren Bereich der Nabe führt. Ein wesentlicher Anteil, der zu einer zusätzlichen Kolbendeformation führt, wird durch den stark periodischen Temperatureintrag infolge der heißen Verbrennungsgase bewirkt. Im rechten Bild in **Abb. 14** wird verdeutlicht, welche Form ein zylindrischer Kolben unter Einwirkung von Wärme annimmt und welche kritischen Kanten sich im Bereich der Gleitlagerung zwischen Kolben und Bolzen ergeben.

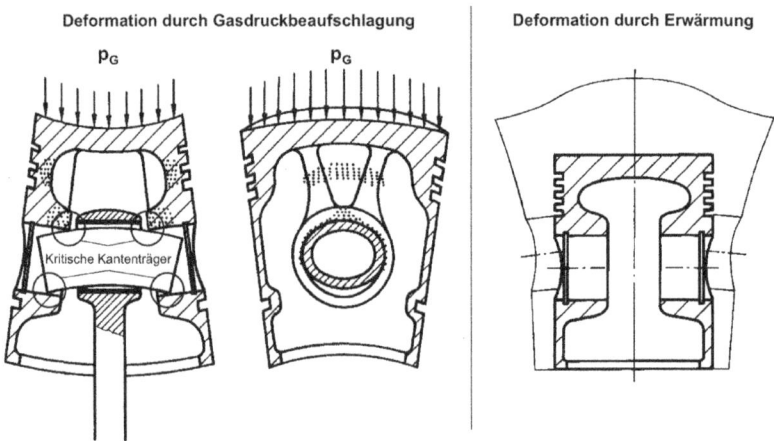

Abb. 14: Mechanisch und thermisch bedingte Deformation des Kolbens [13]

3.1 System Kolbenbolzenlagerung

Der Kolbenbolzen wird auf Biegung, Abplattung, Scherung und Pressung beansprucht. Kritisch ist die dabei entstehende Ovalverformung, die zu einer starken Belastung der Kolbennabe führt und je nach Art der Formbohrung der Nabe Spaltbrüche in Längs- und Querrichtung verursachen kann.

Die größte Belastung und damit einhergehend Verformung des kleinen Pleuelauges wird durch die oszillierenden Massenkräfte hervorgerufen, welche deswegen zur konstruktiven Auslegung des höchstbeanspruchten Pleuelbereichs berücksichtigt werden. Bedingt durch die Massenkräfte wird sowohl das kleine als auch das große Pleuelauge auf Zug beansprucht. Da es sich näherungsweise um eine ringförmig geschlossene Struktur handelt, entstehen Biegemomente. Dadurch kann speziell beim kleinen Pleuelauge eine unzulässig große Ovalverformung in Pleuellängsrichtung resultieren, die kritischer Weise entgegengesetzt der Ovalverformung des Kolbenbolzens gerichtet ist, da dieser auf Druck belastet wird. Dieser Zustand soll mit Hilfe von **Abb. 15** veranschaulicht werden.

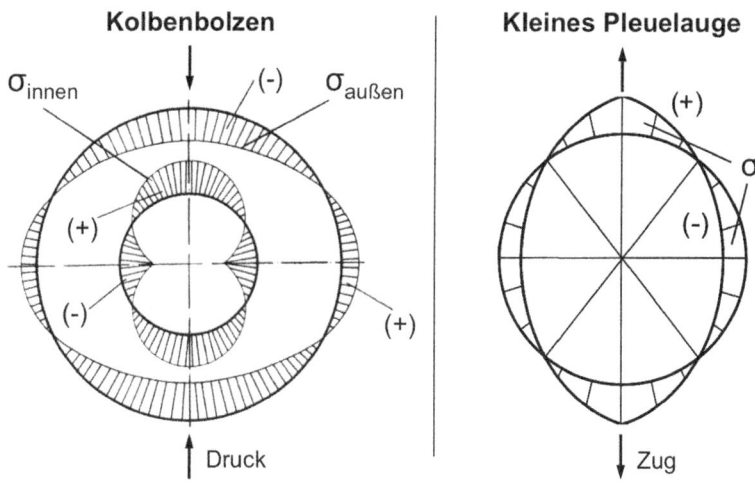

Abb. 15: Biegemomentverlauf am Kolbenbolzen und kl. Pleuelauge [13]

Sie beschreibt jeweils an einem Schnittmodell die durch die Zug- und Druckkraft verursachten Biegemomente, die die entgegen gerichtete Ovalverformung des Bolzens und des Pleuelauges hervorrufen. Wegen seiner Einfachheit und Übersichtlichkeit für den Vergleich zum Kolbenbolzen wird hier das kleine Pleuelauge exemplarisch als Kreisringmodell dargestellt [15], [22].

3.1.3 Schmierung und Kühlung der Kolbenbolzenlagerung

Die Schmierung und Kühlung der Kolbenbolzenlagerung ist Bestandteil des Schmierölkreislaufes des gesamten Verbrennungsmotors. Die Hauptfunktionen des Schmiersystems sind die Versorgung der Lager und Gleitflächen mit Schmierstoff zur Minderung von Reibung und Verschleiß, der Korrosionsschutz, das Abführen von Wärme sowie Aufnahme und Abtransport von Schmutz- und Verschleißpartikel. Die meisten PKW-Motoren besitzen in der Regel eine Druckumlaufschmierung. Dabei saugt eine Pumpe das Öl aus dem Vorrat in der Ölwanne an und fördert es über Druckleitungen zu den Schmierstellen. Der Rückfluss zur Ölwanne findet über separate Rücklaufbohrungen statt.

Der Schmierung und Kühlung der Kolbenbolzenlagerung muss allerdings besondere Beachtung geschenkt werden. Im Gegensatz zu z.B. den Haupt- oder auch Pleuellagern besitzt sie keine aus der Druckumlaufschmierung direkte Druckleitung zur Ölversorgung der Gleitflächen, sondern ist vielmehr ein Nebeneffekt, der überwiegend aus der Kolbenkühlung resultiert.

Moderne PKW-Motoren mit hohen spezifischen Leistungen und dadurch hohen thermischen Belastungen verfügen zur Kolbenkühlung eingegossene Kühlkanäle im Kolben. Bei Dieselmotoren kommen fast ausschließlich nur noch Kühlkanalkolben zum Einsatz. Hierbei wird der Kühlkanal über eine Einlassbohrung von einer gehäusefesten Düse aus mit Öl versorgt (**Abb. 16**). Der Kühlkanalauslass und gegebenenfalls mehrere Bohrungen vom Kühlkanal in die Kolbeninnenseite übernehmen den Ablauf des Öls in den Innenraum des Kurbelgehäuses.

3.2 Tribologische Grundlagen   25

Abb. 16: Kolbenkühlung [23]

Das erforderliche Schmieröl für die Kolbenbolzenlagerung wird daher nur aus dem rücktropfenden Öl aus der Kolbenkühlung, dem von den Kolbenringen abgestriffenen Öl, was durch Bohrungen an die Kolbeninnenwand gelangt, und dem im Kurbelgehäuse befindlichen Ölnebel zur Verfügung gestellt.

Kritischerweise kommt zur Schmierungsproblematik noch die dynamische Beanspruchung der Kolbenbolzenlagerung hinzu, so dass davon auszugehen ist, dass kein konstanter Schmierspalt und keine kontinuierliche Drehung des Kolbenbolzens vorherrschen. Die Konsequenz ist ein ständiges Herausdrücken und Wiederansaugen des Schmieröls im Lagerspalt, was je nach Belastung und Drehzahl zu unterschiedlichen Ölfüllungszuständen in der Lagerung und somit zu verschiedenen Reibungszuständen führt [24].

3.2 Tribologische Grundlagen

Die Tribologie ist die Lehre von der Reibung, der Schmierung und dem Verschleiß an Reibstellen. Diese treten auf, wenn sich zwei berührende Bauteile relativ zueinander bewegen. Entsprechende Grenzflächenwechselwirkungen sowohl zwischen Festkörpern als auch zwischen Festkörpern und Flüssigkeiten oder Gasen werden dabei berücksichtigt [25].

Tribologische Systeme lassen sich im Bereich ihrer Wechselwirkungen auf eine Grundstruktur reduzieren (**Abb. 17**):

- Grundkörper
- Gegenkörper
- Zwischenstoff (Partikel, Fluide, Gase)
- Umgebungsmedium.

Tribologische Beanspruchungen ergeben sich aus dem Bewegungsablauf, den wirksamen Kräften, Geschwindigkeiten, Temperaturen und der Beanspruchungsdauer der Oberfläche.

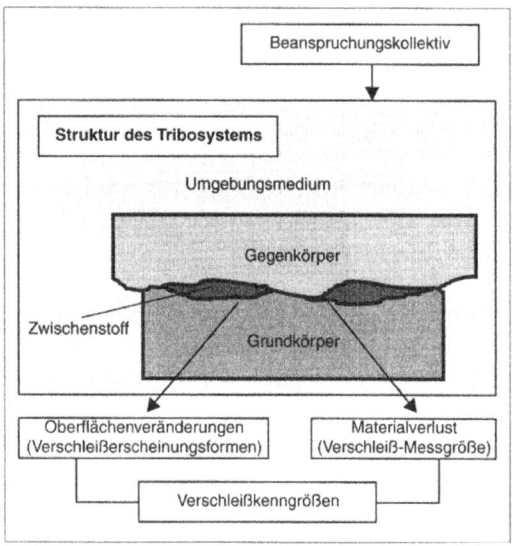

Abb. 17: Schematischer Strukturaufbau eines tribologischen Systems [14]

3.2 Tribologische Grundlagen

3.2.1 Reibungszustände

Reibung hängt vom Bewegungszustand (statische oder dynamische Reibung) und bei der dynamischen Reibung von der Art der Relativbewegung der Reibpartner, wie Gleit-, Roll- oder Wälzreibung ab. Zusätzlich wird Reibung vom Aggregatszustand der beteiligten Stoffbereiche in Festkörper-, Flüssigkeits-, Gas- und Mischreibung differenziert [10]. In Verbrennungsmotoren kommen zum größten Teil Gleitlager zum Einsatz, die folgende Reibungszustände durchlaufen können:

Festkörperreibung

Bei der Festkörperreibung, auch Trockenreibung genannt, kommt es zu einem unmittelbaren metallischen Kontakt der Reibpartner ohne die Beteiligung eines Zwischenstoffes. Die Mechanismen, die bei dieser Reibungsform wirken, sind Adhäsion, Scheren, plastische Deformation, Furchung und Deformation (elastische Hysterese und Dämpfung). Bei der Adhäsion und dem Scheren kommt es zur Bildung und Zerstörung von Adhäsionsbindungen in den Kontaktflächen (Verschweißungen). Furchungen entstehen beim Eindringen von Rauheitsspitzen oder harten Partikeln aufgrund der unterschiedlichen Härte der Gleitpartner [10], [26], [27].

Über die genannten Mechanismen wird im oberflächennahen Werkstoffbereich Energie umgesetzt. In der Folge tritt als thermischer Prozess eine Energiedissipation auf [28], [29].

Grenzreibung

Grenzreibung unterscheidet sich von der Trockenreibung dadurch, dass die Gleitflächen nicht absolut trocken und sauber sind, sondern mit Oxiden, Verunreinigungen und zum Teil auch mit Gasen oder Flüssigkeiten wie Schmiermittel bedeckt sind. Diese Substanzen verringern die Häufigkeit der Adhäsionsbindungen in den Oberflächenspitzen und damit auch den Reibungskoeffizienten [30], [31].

Hydrodynamische Reibung

Bei der hydrodynamischen Reibung, auch Flüssigkeitsreibung genannt, sind die Gleitpartner durch einen zusammenhängenden tragfähigen Schmierfilm eines fluiden Stoffes vollständig voneinander getrennt [14]. Die Oberflächenspitzen der gepaarten Teile berühren sich nicht [34]. Die Bewegungen der Gleitpartner bewirken in einem viskosen Medium eine Strömung, da der Schmierstoff an den Oberflächen haftet. Verengt sich in Bewegungsrichtung der Gleitraum (z.b. durch die Exzentrizität zwischen Welle und Lager), entsteht ein hydrodynamischer Druck im Schmierfilm, da infolge der Zähigkeit des Schmierstoffes das seitliche Abströmen aus den Lagerrändern behindert wird. Dieser Druck versucht die Oberflächen, die den Schmierfilm begrenzen, auseinander zu drängen und erzeugt dadurch eine Tragkraft, die der äußeren Lagerkraft das Gleichgewicht hält [32], [33], [35].

Der Reibungskoeffizient ist in diesem Reibungszustand klein und von der Schmiermittelbeschaffenheit, dem mittleren Druck und der Temperatur im Schmierfilm und der relativen Gleitgeschwindigkeit der Lagerflächen abhängig [28], [36].

Elastohydrodynamische Reibung

Diese Form der Reibung tritt im Kontakt hochbelasteter Gleitpaarungen auf. Bei hohen Pressungen der Reibpartner erhöht der Druck im Schmierfilm die Viskosität des Öls, weshalb sich trotz ungünstiger Bewegungsbedingungen der Gleitpartner eine tragfähige Mindestschmierfilmdicke einstellt [10], [14], [37]. Die Elastohydrodynamik (EHD-Theorie) berücksichtigt neben der hydrodynamischen Theorie die Verformungen in den Kontaktzonen der sich paarenden Körper. Charakteristisch für elastohydrodynamische Schmierung in Gegensatz zur hydrodynamischen ist eine Verengung des Schmierspaltes der Kontaktzonen unter hohen Belastungen und geringen Relativbewegungen [38], [39], [40].

Mischreibung

Der Zustand der Mischreibung stellt sich ein, wenn zwischen den Reibpartnern eine Überlagerung von Grenz- und Flüssigkeitsreibung vorliegt. Dabei ist der Schmierfilm nicht zusammenhängend, da er punktuell von Oberflächenspitzen der gepaarten Teile ihn durchbrochen wird und eine direkte Berührung der Gleitflächen bewirkt [10], [34].

Die in Normalrichtung auf eine Reibpaarung wirkende Kraft im Mischreibungskontakt setzt sich bei Gleitlagern aus zwei Tragdruckkomponenten zusammen, zum einen aus dem elastohydrodynamischen Tragdruckaufbau, der von der Spaltgeometrie, dem Bewegungszustand der Gleitflächen und dem Schmierstofffüllungsgrad sowie den Schmierstoffeigenschaften abhängt und zum anderen aus dem zeitweise auftretenden Festkörperkontaktdruck zwischen den Oberflächenrauheiten der Gleitflächen, der von der Spaltgeometrie und der Rauheitscharakteristik abhängig ist [30], [41].

3.2 Tribologische Grundlagen

In hydrodynamischen Gleitlagern treten innerhalb des Drehzahl- bzw. Gleitgeschwindigkeitsbereichs verschiedene Reibungszustände auf. Die in **Abb. 18** dargestellte Stribeck-Kurve stellt die Abhängigkeit der Reibungszahl µ von der Gleitgeschwindigkeit v bei konstanter Temperatur und somit konstanter Viskosität dar [34], [42].

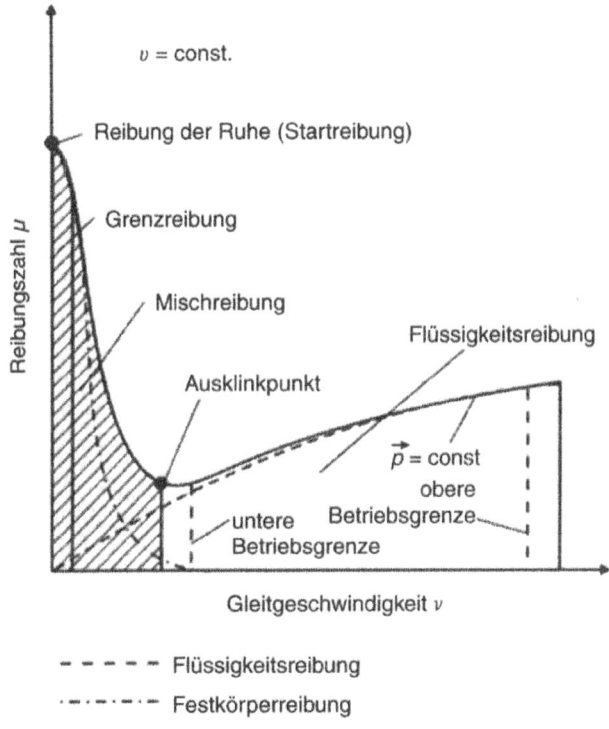

Abb. 18: Stribeck-Kurve [25]

Die Gesamtreibung einer geschmierten Gleitpaarung setzt sich aus den Reibungsanteilen Festkörper- und Flüssigkeitsreibung zusammen. Bei Stillstand wirkt die Haftreibung. Bei niedriger Drehzahl tritt zunächst die Festkörper- bzw. Grenzreibung auf bevor der Bereich der Mischreibung beginnt. In diesem nimmt die Reibungszahl mit wachsender Gleitgeschwindigkeit durch den zunehmenden Aufbau eines hydrodynamischen Tragfilms stark ab und erreicht das Reibungsminimum. Der Ausklinkpunkt stellt in dieser Modellvorstellung den Zustand dar, in dem der hydrodynamische Tragfilm die Oberflächenrauheiten der beiden Gleitpartner gerade vollständig voneinander trennen kann. Bei Gleitgeschwindigkeiten oberhalb des Ausklinkpunktes liegt Flüssigkeitsreibung vor und mit zunehmender Geschwindigkeit werden die Flüssigkeitsschichten stärker geschert, so dass die Reibungszahl ansteigt. Diese bleibt jedoch weitaus geringer als im Mischreibungsgebiet bei abnehmender Gleitgeschwindigkeit [10], [25], [43], [44].

3.2.2 Schmierung und Verschleiß

Schmieren ist das Beschichten oder Benetzen von Gleitpartnern mit einem Schmiermittel, das die Funktion eines Maschinenelementes übernimmt [10], [14]. In den Filmschichten von zum Teil nur Tausendstel Millimeter erfolgt sowohl die Kraftübertragung in den Lagerungen als auch die kinematische Anpassung der sich unterschiedlich bewegenden Bauteile. Diese Fähigkeit beruht auf der Viskosität, d.h. auf der Fähigkeit des Schmiermittels, einer Formänderung Widerstand entgegenzusetzen [25], [31].

Bei Beaufschlagung mit Tragdrücken reiben einzelne Flüssigkeitsteilchen aneinander und es entstehen tangentiale Schubspannungen [10]. Diese hängen von dem Geschwindigkeitsgefälle senkrecht zur Strömungsrichtung (Schergefälle) und von der kinematischen Viskosität (Zähigkeit) ab. Diese ihrerseits ist wiederum abhängig vom Schmierstoff, dessen Temperatur und Druck, sowie vom Schergefälle. Die Schubspannungen verrichten in Gleitrichtung Dissipationsarbeit (Reibungsarbeit), wobei die Bewegungsenergie irreversibel in Wärme umgewandelt wird [25], [43], [45].

Bei Kontakt oder Relativbewegung eines festen Grundkörpers mit einem festen, flüssigen oder gasförmigen Gegenkörper, resultiert ein fortschreitender Materialverlust aus der Oberfläche, der als Verschleiß definiert ist. Der Materialverlust tritt in verschiedenen Erscheinungsformen auf, die anhand von Veränderungen der chemischen Zusammensetzung, der Mikrostruktur bzw. weiterer Oberflächenmerkmale tribologisch beanspruchter Kontaktpartner sowie der Art und Form von Verschleißpartikel charakterisiert werden können [46].

Als Resultat von Wechselwirkungsprozessen der beteiligten Körper und Schmierstoffe ist der Verschleiß eine Systemgröße, wirkt funktionsstörend und lebensdauermindernd und ist als Teil der Abnutzung unvermeidlich. Mechanische Beanspruchung und energetische Wechselwirkungen können im Oberflächenbereich der Kontaktpartner zu

3.2 Tribologische Grundlagen 31

Rissbildungen und Materialabtrennungen führen [25], [31]. Diese Vorgänge können durch die Verschleißmechanismen Oberflächenzerrüttung und Abrasion beschrieben werden. Materialabtrag unter Einwirkung atomarer und molekularer Wechselwirkungen, wobei auch Schmiermittel und abgetrennte Materialpartikel beteiligt sein können, wird durch die Mechanismen Adhäsion und tribochemische Reaktion gekennzeichnet [47], [48], [49].

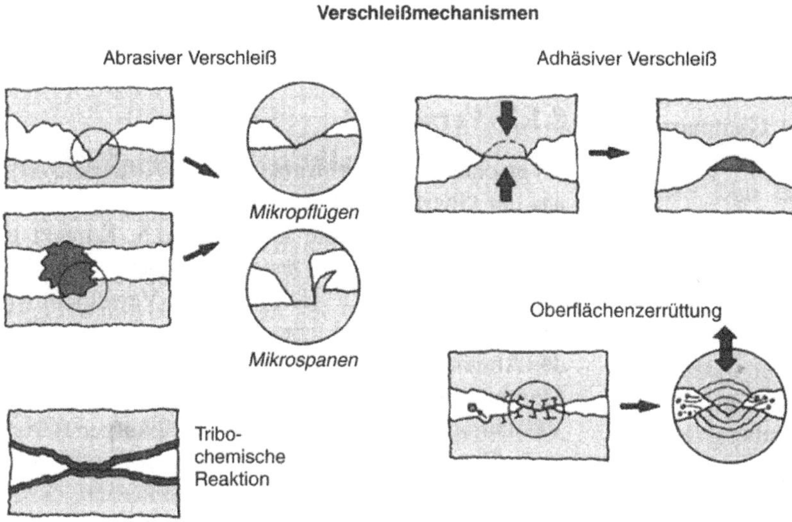

Abb. 19: Grundlegende Verschleißmechanismen [14]

In **Abb. 19** sind die grundlegenden Verschleißmechanismen zusammenfassend dargestellt. Der mit Verschleiß verbundene Materialverlust lässt sich messen und wird als Längen-, Flächen- oder Volumenänderung angegeben [47].

4 Versuchsaufbau und messtechnische Ausrüstung

Die experimentellen Untersuchungen werden ausschließlich an einem Vollmotor und nicht an außermotorischen Prüfvorrichtungen durchgeführt, da nur dabei Randbedingungen wie Kolben- und Pleueltemperaturen, belastungsbedingte und thermische Verformungen der Lagerkomponenten Pleuel, Kolbenbolzen und Kolben sowie die Schmierstoffversorgung der Lagerstellen realistisch abgebildet werden können.

4.1 Versuchsträger

Als Versuchsträger für die Untersuchungen am befeuerten Vollmotor dient ein 4-Zylinder Pkw-Dieselmotor mit Abgasturboaufladung und Ladeluftkühlung. Dabei handelt es sich um einen direkteinspritzenden Motor mit einem Common-Rail-System der zweiten Generation.

Abb. 20: Versuchsträger [50]

Der maximale Einspritzdruck, mit dem der Kraftstoff mittels Magnetinjektoren in den Brennraum eingebracht wird, liegt damit bei 1600bar. Eckdaten dieses Aggregats sind in der **Tabelle 1** dargestellt [50], [51].

Tabelle 1: Motorspezifikationen [50]

Motorspezifikationen		
Zylinderanordnung/ -zahl	-	Reihe/4
Hubraum	cm³	2148
Zylinderabstand	mm	97
Nennleistung bei Drehzahl 4200 [1/min]	kW min⁻¹	110 4200
max. Drehmoment bei Drehzahl	Nm min⁻¹	340 2000
Bohrung	mm	88
Hub	mm	88,34
Pleuellänge	mm	149
max. effektiver Mitteldruck	bar	19,9
max. Zünddruck	bar	155
Kolbenmasse ohne Ringe	kg	0,59
Desachsierung (zur Druckseite hin)	mm	0,2
Pleuelmasse	kg	0,75
Pleueltyp	-	Trapezkopf, oben geführt
Kolbenbolzenmasse	kg	0,33
Kolbenbolzentyp	-	Schwimmend gelagert

4.2 Prüfstandsaufbau

Die experimentellen Untersuchungen werden an einem Vollmotor durchgeführt und finden auf einem konventionellen Motorprüfstand statt, der statischen sowie dynamischen Betrieb im Bereich des Motorkennfelds automatisiert und manuell ermöglicht. Motor und Getriebe werden auf serienmäßigen elastischen Motorlagern positioniert. Eine seriennahe Kardanwelle verbindet das Getriebe mit der Leistungsbremse, die den Motor antreibt oder bremst. Der Kühlmittelkreislauf und die Ladeluft werden mit Hilfe wassergekühlter, thermostatisierter Wärmetauscher konditioniert. Ein Vorteil hierbei ist das Aufheizen des Motors im Stillstand, was zur Minderung der Betriebs- und Messzeit führt und somit die empfindliche Messtechnik schont.

4.3 Messtechnische Ausrüstung

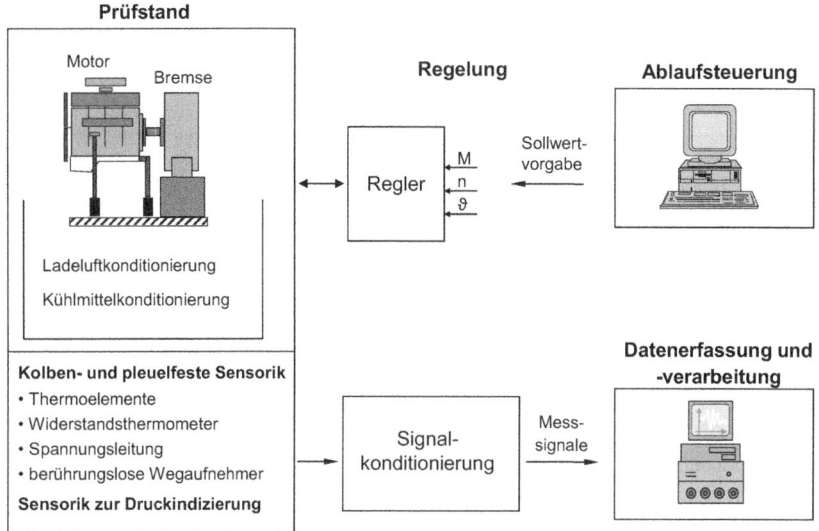

Abb. 21: Übersicht über Prüfstandsaufbau und Messtechnikausrüstung

Zur Überwachung des Motorbetriebs dienen die Messungen der Kühlwassertemperaturen, der Öltemperatur, des Öldrucks, der Ladelufttemperatur und der Abgastemperatur vor dem Turbolader. Zum Einstellen statischer Betriebszustände werden Drehzahl und Drehmoment vorgegeben.

4.3 Messtechnische Ausrüstung

Die Deklaration der Messgrößen fordert hinsichtlich einer bestmöglichen Umsetzung der experimentellen Untersuchungen die optimale Kombination von Messprinzip und messtechnischer Ausrüstung.

4.3.1 Indiziermesstechnik

Die Druckindizierung stellt ein unentbehrliches Hilfsmittel für die Analyse motorischer Vorgänge dar. Ziel ist die Bestimmung der am Kolben anliegenden Gaskräfte während eines Arbeitsspiels infolge des Brennraumdrucks. Die Messkette für dessen Erfassung besteht aus einem Brennraumdrucksensor, einem Ladungsverstärker, einem

Kurbelmarkengeber, einem A/D-Wandler und einem Messdatenerfassungssystem, welches eine parallele Datenerfassung und –speicherung analoger und digitaler Messsignale ermöglicht (**Abb. 22**).

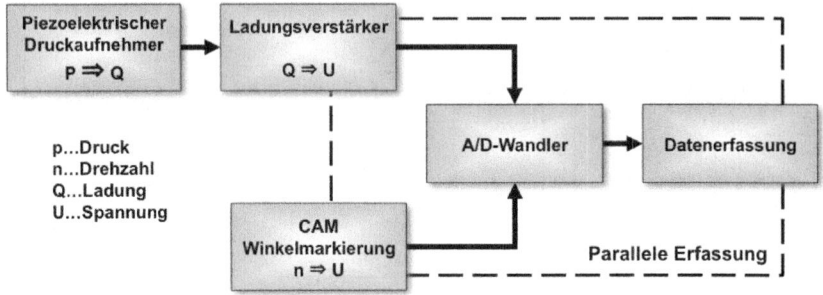

Abb. 22: Indiziermesskette

Aufgrund der hohen Drücke und Temperaturen im Brennraum werden bei der Messung des Zylinderdrucks überwiegend piezoelektrische Sensoren verwendet. Das piezoelektrische Prinzip beruht auf der Ladungsabgabe von Quarzen aus Siliziumdioxid unter mechanischer Belastung. Die dabei abgegebene Ladung ist proportional zur mechanischen Druckbeanspruchung und muss zur Verwertung mittels eines Ladungsverstärkers in eine Spannung gewandelt werden. Piezoelektrische Sensoren messen Druckdifferenzen und keine Absolutdrücke. Daher wird zur Bestimmung der Nulllinie eine thermodynamische Nulllinienfindung durchgeführt [54], [56].

Für die Druckindizierung am Versuchsträger wird ein Aufnehmer des Typs 6056A der Fa. Kistler verwendet (**Tabelle 2**), der sich durch eine hohe Empfindlichkeit und einen geringen Thermoschockfehler auszeichnet.

4.3 Messtechnische Ausrüstung

Tabelle 2: Spezifikation des Quarzdrucksensors

Technische Daten: Piezoelektrischer Quarzdrucksensor Typ 6056A		
Messbereich	bar	0 - 250
Kalibrierter Teilbereich	bar	0 - 250
Betriebstemperaturbereich	°C	-50 - 400
Empfindlichkeit	pC/bar	≈ -20

Die Applikation wird durch einen motorspezifischen Glühkerzenadapter (Typ: 6542Q) realisiert, der eine variable Einbautiefe und brennraumnahe Positionierung ohne Beeinflussung des Brennraumvolumens ermöglicht.

4.3.2 Messtechnik zur Erfassung der Kolbenbolzenbewegung

Zur Erfassung der Kolbenbolzenrelativbewegung werden Abstandsmessungen durchgeführt. Im Allgemeinen stehen für Wegmessungen eine Vielzahl verschiedener Sensoren zur Verfügung, wie Widerstands-, Ultraschallaufnehmer, kapazitive, optische- und induktive Aufnehmer (siehe Kap. 2.1.1). Zur letzteren Gruppe gehören Abstandssensoren, die nach dem Wirbelstromverlustprinzip arbeiten und sich aufgrund ihrer Eigenschaften für den Einsatz in Verbrennungsmotoren sehr bewährt haben. Ihr Messverfahren ist berührungslos und rückwirkungsfrei bei gleichzeitig hoher Messgenauigkeit. Sie zeichnen sich durch ihre miniaturisierte Baugröße aus, was eine Applikation in engen Platzverhältnissen ermöglicht (**Abb. 23**).

Durch ihre geschlossene Bauform sind sie feuchtigkeitsresistent, verschmutzungsunempfindlich und bei anspruchsvollen Umgebungsbedingungen wie hohen Temperaturen und Drücken einsetzbar. Hauptbestandteil eines Wirbelstromsensors ist ein System aus Spule und Ferritkern. Die Spule befindet sich auf einem Wickelkörper, welcher ringförmig um den Kern angeordnet ist.

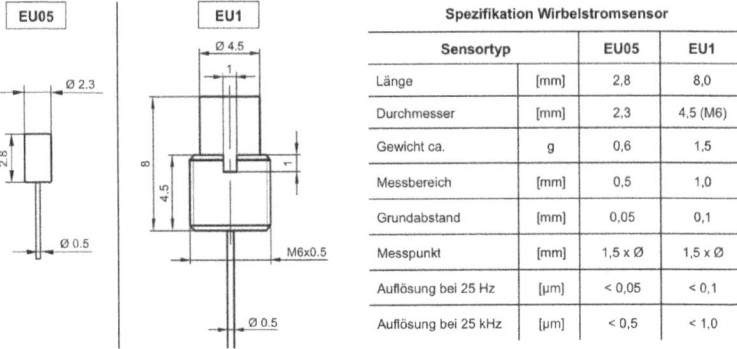

Abb. 23: Verwendete Wirbelstromsensoren (Micro-Epsilon)

Der Spulenkern wird meist als Schalenkern ausgeführt, da durch ihn sowohl eine starke Richtwirkung des Feldes erreicht, als auch das Austreten des Feldes an der Sensorrückseite verhindert wird (Abb. 24).

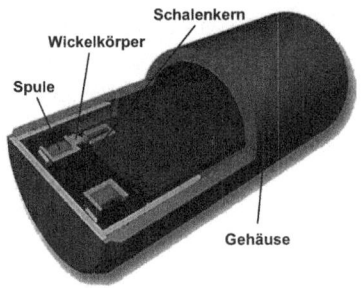

Abb. 24: Aufbau Wirbelstromsensor [53]

Wirbelstromsensoren gehören zu den aktiven Sensoren, da sie eine Wechselspannung als Eingangssignal benötigen. Die von hochfrequentem Wechselstrom durchflossene Spule erzeugt ein Magnetfeld, dessen Form von der Spulengeometrie, Windungszahl, Stromstärke und Stromfrequenz abhängig ist. Das elektromagnetische Spulenfeld induziert an der Oberfläche eines elektrisch leitfähigen Messobjekts Wirbelströme, die

4.3 Messtechnische Ausrüstung

nur von der Leitfähigkeit des Messpartners abhängig sind. Daher können mit Wirbelstromsensoren auch nicht ferromagnetische Objekte detektiert werden. Die induzierten Wirbelströme erzeugen wiederum ein elektromagnetisches Feld, welches entsprechend der LENZ'schen Regel dem erregenden Primärfeld des Sensors entgegenwirkt, wodurch sich der Wechselstromwiderstand der Spule ändert. Durch eine Auswerteelektronik, die eine Demodulation, Linearisierung, messpartner-spezifische Temperaturkompensation und Verstärkung beinhaltet, bewirkt eben diese Impedanzänderung ein dem Abstand des Messpartners zum Sensor proportionales elektrisches Signal [52], [53].

Zur Anwendung kommt ein berührungsloses Wegmesssystem aus der multiNCDT-Serie (NCDT: Non-Contacting Displacement Transducers) der Fa. Micro-Epsilon. **Abb. 25** stellt schematisch die Messkette dieses Systems mit kolbenfesten, applizierten Sensoren dar. Ein vollständiger Messkanal setzt sich aus dem Sensor mit Anschlussleitungen, der Signalaufbereitungselektronik, dem A/D-Wandler und der Datenerfassung zusammen.

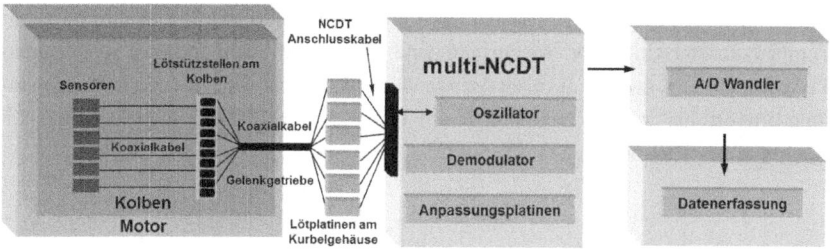

Abb. 25: Messkette des berührungslosen Wegmesssystems

Die Signalaufbereitungselektronik beinhaltet einen Oszillator und Demodulatoreinschübe mit entsprechenden Anpassungsplatinen. Der Oszillator sorgt für die Speisung der Sensoren mit der erforderlichen frequenz- und amplitudenstabilen Wechselspannung. Die Demodulatoreinschübe werden benötigt, um neben der Demodulation der Sensorsignale zusätzlich eine Linearisierung und eine Verstärkung der Signale zu erzeugen. Darüber hinaus befindet sich auf den Einschüben eine Schaltung zur Kompensation temperaturbedingt hervorgerufener Messfehler. Die Anpassungsplatinen, welche sich mittels einer Steckverbindung auf den Demodulatoreinschüben befinden, sind die Verbindungsglieder zwischen dem Sensor und der Signalaufbereitungselektronik. Sie müssen je nach Sensor, Kabellänge, Oszillatorfrequenz oder Temperaturkompensation, welche auch die temperaturabhängige Leitfähigkeit des Messpartners berücksichtigt, modifiziert werden und sind nur für ein bestimmtes Exemplar eines Sensortyps geeignet. Auf ihnen kann außerdem die Einstellung getroffen werden, ob ein ferromagnetisches oder ein nicht-ferromagnetisches Messobjekt verwendet wird.

4.3.3 Messtechnik zur Temperaturbestimmung

Das leitungsgebundene Kolben- und Pleueltemperaturmessverfahren erfordert einen kombinierten Einsatz von Thermoelementen und Widerstandsthermometern wie in Kap. 5.1 beschrieben.

Thermoelemente gehören in der Versuchs- und Messtechnik an Verbrennungsmotoren zu den Standardtemperaturfühlern. Die physikalischen Grundlagen des Messprinzips beruhen auf dem im Jahre 1821 von Thomas Johann Seebeck entdeckten thermoelektrischen Effekt. Werden zwei metallische Leiter verschiedenen Werkstoffs miteinander verbunden und liegt zwischen der Verbindungsstelle und den freien Enden ein Temperaturunterschied vor, so entsteht eine elektrische Spannung, die so genannte Thermospannung, welche je nach Verwendung des Typs der Thermoelementenpaarung proportional zur Temperaturdifferenz sein kann. **Abb. 26** zeigt beispielhaft die Kennlinie des Thermoelementes Typ K.

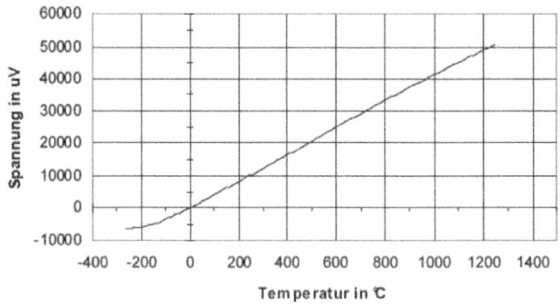

Abb. 26: Kennlinie Thermoelement Typ K [55]

4.3 Messtechnische Ausrüstung

Demzufolge fließt bei geschlossenem Kreis ein elektrischer Strom. Diesem Effekt liegt eine Neugruppierung des Ladungsträgers unter dem Einfluss des Temperaturunterschiedes zugrunde. Die Verbindungsstelle, die verschweißt oder verlötet sein kann, und die metallischen Leiter, die als Thermodrähte bezeichnet werden, sind das eigentliche Thermoelement.

Bei Messungen in Kolben und Pleuel müssen Thermoelemente zum Einsatz kommen, deren Anforderungen dem zu messenden Temperaturbereich und den Einbaubedingungen entsprechen. Hierzu eignen sich sehr gut Mantelthermoelemente, die durch ihre kleine Bauart und Biegevermögen auch an schwer zugänglichen Messstellen, wie z.B. in einer Bohrung in der Kolbennabe, appliziert werden können. Darüber hinaus sind sie erschütterungsfest, was für einen befeuerten Motorbetrieb unabdingbar ist. Bei dieser Art von Elementen sind die Thermodrähte in hoch komprimiertem Metalloxid, das die Funktion der Isolation einnimmt, eingebettet und zum Schutz mit einem metallischen Werkstoff ummantelt. Dabei ist die Verbindungsstelle der Drähte die eigentliche Messstelle (**Abb. 27**).

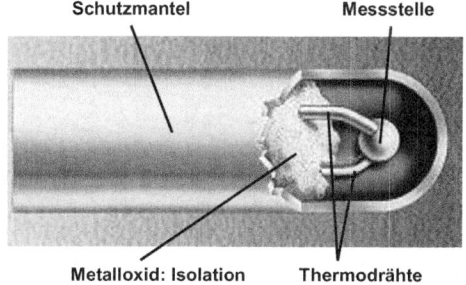

Abb. 27: Aufbau eines Mantelthermoelementes [57]

Eingesetzt werden Mantelthermoelemente des Typs K mit einem Durchmesser von 0,5 mm. Das Thermopaar besteht dabei aus NiCr-Ni-Leitungen und ist für Messungen in einem Temperaturbereich von -270°C bis 1372°C geeignet.

Die zum Einsatz kommenden Widerstandsthermometer basieren auf dem messtechnischen Effekt der temperaturabhängigen Änderung des elektrischen Widerstandes eines Leiters, dessen Leitfähigkeit auf der Beweglichkeit der Leitungselektronen beruht. Die

Leitfähigkeit des Materials wird durch Fehler im Atomgitter und Fremdatome anderer Elemente bestimmt. Mit zunehmender Temperatur beginnen die Atome zu schwingen, aufgrund dessen die Elektronenverschiebung behindert wird. Der elektrische Widerstand des Metalls wird somit mit steigender Temperatur größer. Der Zusammenhang zwischen Temperatur und Widerstand ist dabei annähernd linear [57]. Um diesen Effekt für eine Messung verwenden zu können, wird ein großer Temperaturkoeffizient benötigt, d.h. eine deutliche Widerstandsänderung schon bei geringen Temperaturunterschieden, wofür sich Metallwiderstandsthermometer auch hinsichtlich ihrer Messgenauigkeit sehr gut eignen. Diese gibt es in verschiedenen Ausführungen, wobei hierbei Dünnschicht-Widerstandsthermometer eingesetzt werden. Als Widerstandsmaterial hat sich in der industriellen Messtechnik Platin durchgesetzt. Platin ist chemisch sehr beständig und besitzt einen hohen Temperaturkoeffizienten.

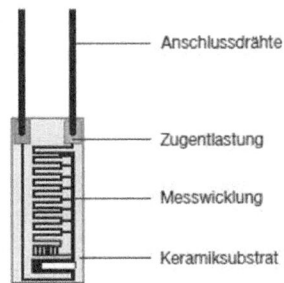

Abb. 28: Aufbau eines Dünnschicht- Widerstandsthermometers [57]

Abb. 28 zeigt den prinzipiellen Aufbau eines Dünnschicht-Widerstandsthermometers. Diese sind speziell dafür geeignet, die Temperatur auf einer Oberfläche zu erfassen [55], [56], [57].

4.4 Messwertübertragungssystem

Kurbeltriebfeste Sensorik bringt die Herausforderung mit sich, eine für die Messanforderungen geeignetes Messwertübertragungssystem zu realisieren. Unter diesem Begriff werden alle Anordnungen und Hilfseinrichtung verstanden, die es ermöglichen, Messsignale von bewegten Bauteilen des laufenden Motors, wie Kolben, Kolbenbolzen, Pleuel oder Kurbelwelle an ortsfeste Glieder der Messkette zu übertragen.

4.4 Messwertübertragungssystem

Abb. 29 zeigt einen prinzipiellen Aufbau einer Messkette für kolben- und pleuelfeste Messungen.

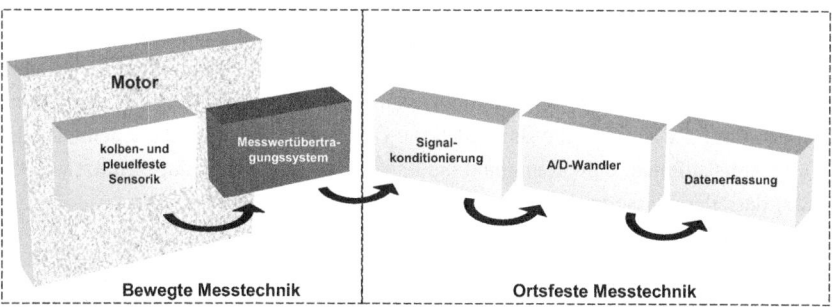

Abb. 29: Messkette kurbeltriebfester Messungen

Messwertübertragungssysteme werden grundsätzlich in kontaktlose und leitungsgebundene gruppiert. Zu den kontaktlosen Systemen gehören die Telemetrie und die transformatorische Kopplung. Bei leitungsgebundenen Signalübertragungen können verfahrensbedingt je nach Motortyp, Platzverhältnisse des Kurbeltriebs und interessierendem Drehzahlbereich verschiedene Bauteile wie Leitungen, Federkontakte, Schleifkontakte und Gelenkgetriebe zum Einsatz kommen. Wesentliche Kriterien bei der Wahl des geeigneten Messwertübertragungssystems sind Art der Sensorik, Signalqualität und –quantität, mechanische Rückwirkung auf das zu messende System und konstruktive Änderungen an den interessierenden Bauteilen [58], [59].

Ausschlaggebendes Kriterium bei der Wahl der Signalübertragung bei dieser Arbeit ist die Art der zu verwendenden Sensorik sowie die Signalqualität und -quantität. Bei der Bewegungsmessung des Kolbenbolzens wird ein bewährtes, berührungsloses Wegmesssystem auf Wirbelstrombasis verwendet, das leitungsgebundene Miniatursensoren, die ideal für die Applikation in Kolben geeignet sind, beinhaltet. Demzufolge und aufgrund der motorspezifischen Gegebenheiten wie z.B. hohe Drehzahlen und geringe Platzverhältnisse im Kurbelgehäuse kommt eine Leitungsführung mittels Gelenkgetriebe zum Einsatz.

Für die Konstruktion des Gelenkgetriebes wurden der Kurbeltrieb und das Kurbelgehäuse des Versuchsträgers detailgetreu modelliert, um die Kinematik des Gelenkgetriebes auszulegen. Zahlreiche Bewegungssimulationen ergaben, dass ein konventionelles Getriebe, bestehend aus einer geraden Schwingen- und einer geraden Koppelkomponente, aufgrund des verfügbaren Bauraumes im Kurbelgehäuse und den daraus resultierenden massiven konstruktiven Eingriffen im Kurbeltrieb nicht eingesetzt werden kann. Durch die Verwendung einer langen und bogenförmig gekrümmten Koppel konnte die Kinematik des Gelenksystems dahingehend optimiert werden, dass keine Kollision mit der Kurbelwelle stattfindet, die Öffnung im Kurbelgehäuse den Öl- oder Wasserkreislauf nicht durchtrennt und die Laufbuchse nur soweit eingeschlitzt werden muss, dass der Wasserkanal nicht beschädigt wird. **Abb. 30** zeigt einen Auszug der Kollisionsanalysen.

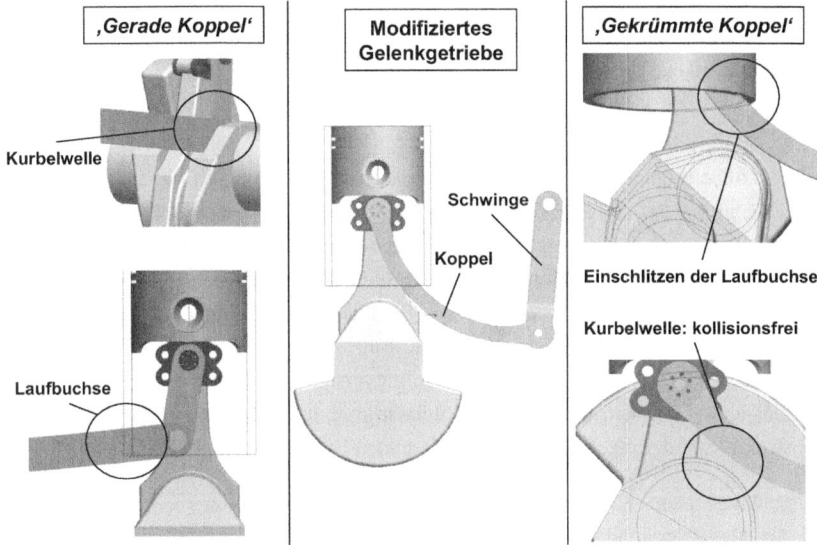

Abb. 30: Kollisionsanalyse des Gelenkgetriebes

Um den messrelevanten Bereich der Kolbenbolzenlagerung konstruktiv nicht zu ändern und um das System mechanisch nicht zu beeinflussen, sind die Möglichkeiten für die Anlenkung des Gelenkgetriebes am Kolben, Kolbenbolzen und Pleuelauge ausgeschlossen. Die Übergangsstelle der Signalleitungen vom Kolben zum Pleuel soll jedoch möglichst kurz gehalten werden, da an dieser Stelle die Leitungen flexibel ge-

4.4 Messwertübertragungssystem

führt werden und somit eine hohe Bruchgefahr besteht. Unter Berücksichtigung der genannten Randbedingungen erfolgt die Anlenkung direkt unterhalb des kleinen Pleuelauges. Da die Anbringung einer Bohrung durch den Pleuelschaft aus Festigkeitsgründen nicht möglich ist, erfolgt die Befestigung der Koppel durch eine kombinierte Stütz- und Klemmverbindung. Eine Anpassung des Pleuelschafts zur Anbringung der Befestigungsplatten lässt sich nicht vermeiden. **Abb. 31** stellt die Pleuelanlenkung, mechanische Bearbeitung des Pleuelschafts, das Befestigungsprinzip und die Formgebung der Befestigungsplatten dar.

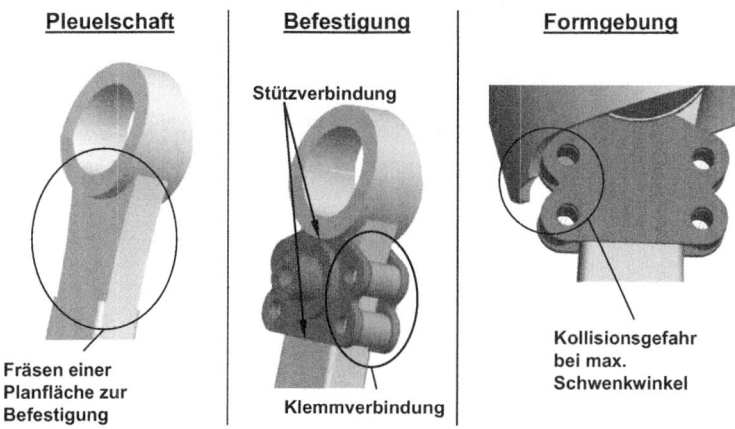

Abb. 31: Pleuelanlenkung an das Gelenkgetriebe

Aufgrund der hohen Belastung des Gelenkgetriebes infolge der Massenbeschleunigungskräfte erfolgte eine Festigkeitsauslegung für eine maximale Drehzahl von 4500 min^{-1}. Zur Validierung wurde ohne applizierte Sensorik ein Testlauf des Schwingensystems durchgeführt und nach etwa einstündiger Laufzeit innerhalb eines Drehzahlbandes von 500 min^{-1} bis 4500 min^{-1} konnten keine bedenklichen Verschleißspuren festgestellt werden.

Abb. 32: Kolben mit Ankopplung des Gelenkgetriebes und Kabelführung

Abb. 32 zeigt die Anlenkung des Gelenkgetriebes an das Pleuel und die Kabelführung der kolbenfesten Sensorik. Diese ist so ausgelegt, dass möglichst keine freien Leitungswege entstehen, um Kabelbrüche aufgrund der hohen Beschleunigungs- und Massenkräfte zu vermeiden.

5 Spezielle Messverfahren

5.1 Bestimmung der Kolben- und Pleueltemperaturen

Messungen der Pleuel- und Kolbentemperaturen dienen zum einen als Eingangsgröße zur Berechnung des thermischen Verzugs des Kolbens und der Viskosität des Schmiermittels in der Kolbenbolzenlagerung. Zum anderen stellen diese eine Kontrollgrößen dar, um die Untersuchungen bei gleichen Randbedingungen durchzuführen und somit eine Reproduzierbarkeit zu gewährleisten. Eine Auswertung des thermischen Verhaltens der Komponenten der Kolbenbolzenlagerung ist nicht Bestandteil dieser Arbeit.

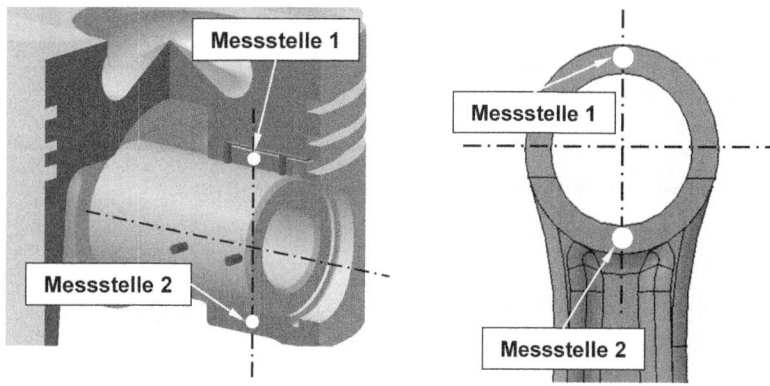

Abb. 33: Temperaturmessstellen am Kolben   **Abb. 34:** Temperaturmessstellen am Pleuel

Hierzu werden im Bereich der Kolbennabe und im kleinen Pleuelauge jeweils zwei Temperaturmessstellen angebracht. **Abb. 33** und **Abb. 34** veranschaulichen die Positionierung der Temperaturfühler.

Thermoelemente erfassen aufgrund ihrer Eigenschaften nur Temperaturunterschiede. Daher gestaltet sich der Aufbau einer herkömmlichen Messkette so, dass an dem freien Ende des Thermoelements eine Vergleichsstelle vorhanden sein muss, die die Absoluttemperatur erfasst, was zumeist mit einem Widerstandsthermometer verwirklicht wird. In der Regel verwendet man einen Messverstärker, an dem das Thermoelement angeschlossen wird, der eine interne Vergleichsmessstelle beinhaltet und beide Sensorsignale verrechnet. Die Datenübertragung vom Kolben und Pleuel erfolgt leitungsgebunden über das Gelenkgetriebe. In diesem Fall ist es nicht möglich, die NiCr-Ni-Leitungen bis zum Messverstärker zu führen, da diese der Biegewechselbelastung des Gelenkgetriebes nicht standhalten. Somit kann die Vergleichsstelle im Verstärker nicht genutzt werden. Das Messkonzept muss dahingehend modifiziert werden, dass zur Signalübertragung über die Kabelschwinge Stahllitzenleitungen verwendet werden können, die der hohen Beanspruchung gerecht werden.

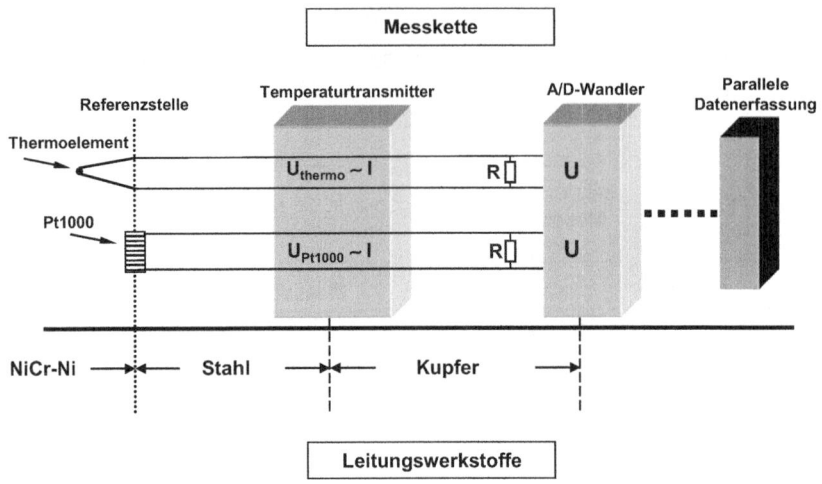

Abb. 35: Modifizierte Messkette der Temperaturmessung

Abb. 35 stellt die modifizierte Messkette der angewandten Temperaturmessung mit einer externen Vergleichsstelle dar. Die Thermoelemente werden in erodierten Bohrungen, die jeweils bis zur gewünschten Messstelle führen, appliziert. Am Kolbenhemd werden Lötstützstellen angebracht, an der die Thermodrähte mit den Stahllitzen, die die Messsignale über das Gelenkgetriebe weiterleiten, verlötet werden. An dieser Stelle kann eine Thermospannung abgegriffen werden, die den Temperaturunterschied von der Messstelle bis zum Lötstützpunkt charakterisiert. An der Übergangsstelle muss nun die Absoluttemperatur ermittelt werden. Daher wird ein Dünnschicht-Widerstandsthermometer direkt auf die Lötstützstelle geklebt.

5.2 Erfassung der Kolbenbolzenbewegung

Thermoelemente und Widerstandsthermometer werden separat an jeweils einen Temperaturtransmitter angeschlossen, die als U/I-Umformer betrieben werden. Das jeweilige Spannungssignal der Sensoren wird linear in einen entsprechenden Strom umgesetzt. Die Übertragung von Messdaten mittels Stromsignal hat gegenüber dem Spannungssignal den Vorteil der Unempfindlichkeit gegen elektromagnetische Felder. Unmittelbar vor der Digitalisierung der Daten wird über eine Bürde der Strom wieder in eine Spannung gewandelt und erfasst. Unter Berücksichtigung der Kennwerte des Messverstärkers, der Bürden und der Leitungswiderstände der Stahllitzen muss zur Ermittlung der Temperatur aus den erfassten Spannungen eine Rückrechnung auf die sensorspezifischen Spannungssignale erfolgen. Um letztendlich die Absoluttemperatur des Widerstandsthermometers mit dem Temperaturunterschied der Thermoelemente zu verrechnen, muss der Temperaturwert des Widerstandsthermometers in eine Thermospannung umgewandelt werden. Durch Addition beider Sensorwerte kann so die Absoluttemperatur an der Messstelle bestimmt werden.

5.2 Erfassung der Kolbenbolzenbewegung

Die Kolbenbolzenbewegung wird relativ zum Kolben gemessen. Dabei werden Bewegungskomponenten in axialer und radialer Richtung sowie die Bolzendrehung erfasst.

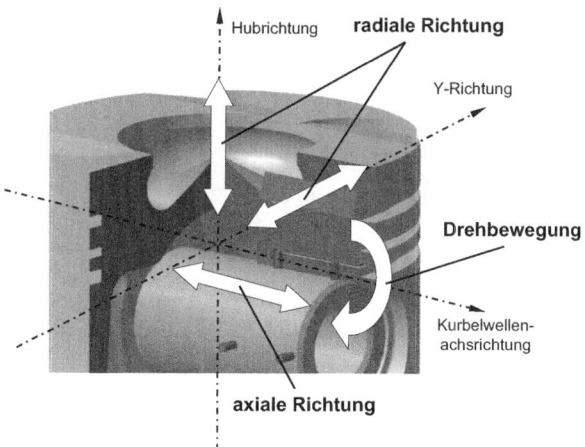

Abb. 36: Relativbewegung des Kolbenbolzens

Zur Bestimmung der radialen Kolbenbolzenbewegung werden die Wirbelstromsensoren in der Kolbennabe implementiert, so dass sie an der Verformung des Kolbens teilnehmen. Dadurch werden die letztendlich für das (hydro-) dynamische Verhalten verantwortlichen Relativbewegungen der Kontaktpartner Kolben und Bolzen, die sowohl aus dem Lagerspiel als auch aus den dynamischen Bauteilverformungen resultieren, erfasst.

5.2.1 Radiale Kolbenbolzenbewegung

Die Applikation der insgesamt vier Wegaufnehmer erfolgt paarweise in zwei Ebenen und um 90° versetzt, so dass die radiale Bewegung in Hub- und Querrichtung erfasst wird. Der Abstand der Ebenen zueinander ist gezielt groß gehalten, um außer einer punktuellen Messung auch eine Aussage über die unterschiedlichen radialen Relativbewegungsänderung an verschiedenen axialen Positionen der Bolzennabe treffen zu können und die Güte der in der Simulation erfassten Lagerspielsituation, Strukturverformung und Laufflächenverzüge zu verifizieren. **Abb. 37** zeigt die Applikation der Sensoren in der Kolbennabe und deren Bezeichnungen.

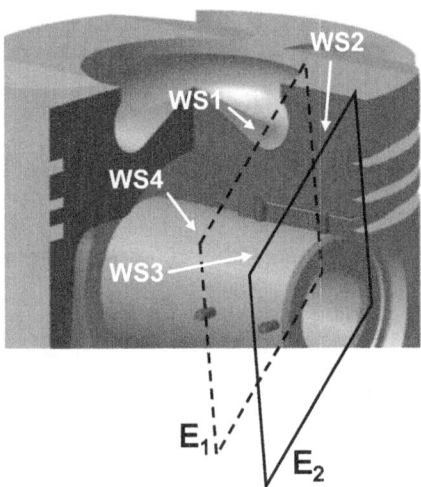

Abb. 37: Positionierung und Bezeichnung der Aufnehmer für die radiale Bewegung

5.2 Erfassung der Kolbenbolzenbewegung

5.2.2 Axiale und rotatorische Kolbenbolzenbewegung

Messungen der Axial- und Drehbewegung des Kolbenbolzens werden stirnflächenseitig am Bolzenende durchgeführt, um keine zusätzlichen Bauteile am Kolbenbolzen anbringen zu müssen, die dessen Verformungs- und Steifigkeitseigenschaften beeinflussen. Demzufolge müssen die Sensoren zur Erfassung der Drehbewegung und der axialen Verschiebung auf einen Steg appliziert werden, der auf das Kolbenauge geschraubt wird. Aufgrund der zwei Kolbenbolzenvarianten mit konischen und gestuften zylinderförmigen Enden kommen hierbei zwei unterschiedliche Modifikationen des Messkonzeptes zum Einsatz.

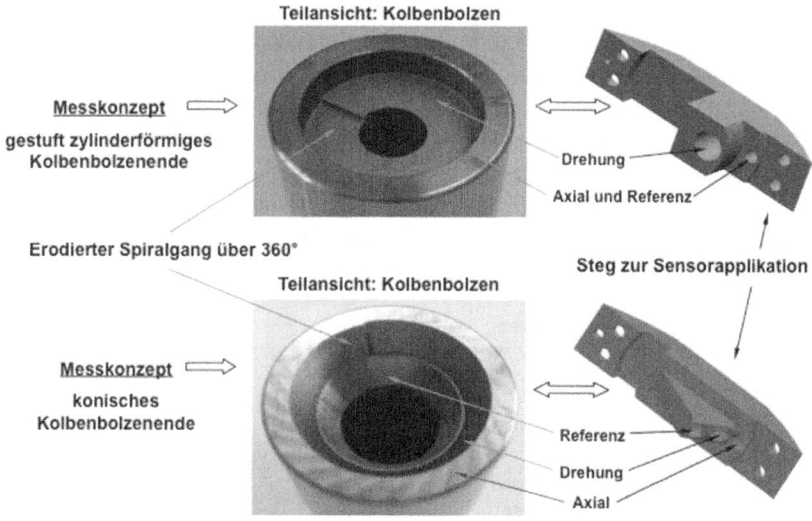

Abb. 38: Konzepte zur Erfassung der Axialbewegung und Rotation des Kolbenbolzens

Mit Hilfe der **Abb. 38** lässt sich das Messprinzip beider Varianten verdeutlichen. Die Drehung wird mit einem auf die Oberfläche erodierten, linear steigenden Schraubengang erfasst. Die Steigung bildet hiermit ein Maß für die Bolzendrehung ab. Steifigkeits- und Verformungseigenschaften des Kolbenbolzens bleiben ohne zusätzlich angebrachte Bauteile somit unberührt. Da der Steg zur Sensorapplikation kolbenfest angebracht ist, werden auch hier analog zur Messung der radialen Verlagerung Bewegungen des Kolbenbolzens relativ zum Kolben erfasst. Ein Referenzsensor dient zur Kompensation der dem eigentlichen Messsignal überlagerten Bewegungseinflüsse wie Deformationen und axiale Verschiebung des Kolbenbolzens während der Messung der Drehbewegung. Bei der Variante des Kolbenbolzens mit den gestuft zylindrischen Enden ist zur Erfassung der axialen Bewegung und der Referenz nur ein Aufnehmer erforderlich. Die Bestimmung der axialen Bewegung dient in der vorliegenden Arbeit ausschließlich der Kompensation. Daher wird eine Diskussion des axialen Bewegungsverhaltens nicht geführt.

5.3 Detektierung der Mischreibung

Das für die Mischreibungsdetektierung konzipierte Messverfahren beruht auf der elektrischen Leitfähigkeit der Reibpartner Pleuel / Kolbenbolzen / Kolben (**Abb. 39**). Dabei wird ein Stromkreis über die Lagerbuchse am Pleuel, den Kolbenbolzen, Kolben und Kolbenringen zur Zylinderlaufbuchse / Kurbelgehäuse hergestellt. Die Lagerstellen Pleuel / Kolbenbolzen und Kolbenbolzen / Kolben fungieren je nach Kontakt- bzw. Reibungszustand als Schalter.

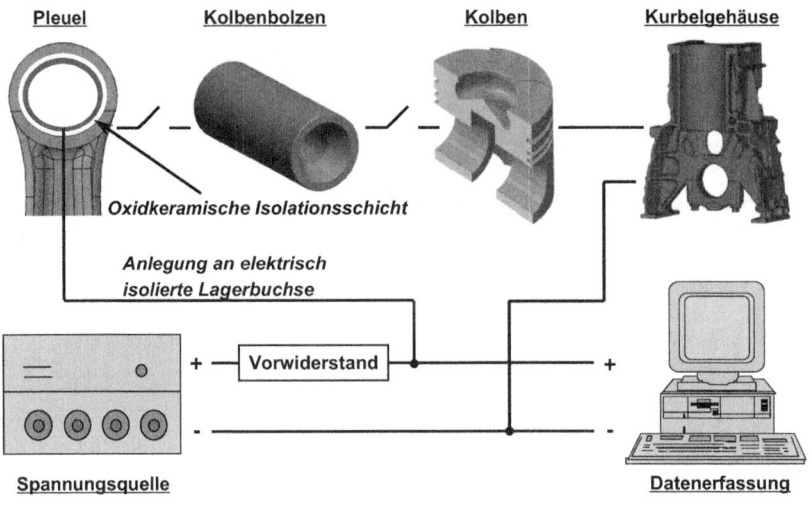

Abb. 39: Messprinzip der Kontaktdetektierung

5.3 Detektierung der Mischreibung

Voraussetzung zur Durchführung dieses Messprinzips ist die elektrische Isolation der Lagerbuchse im kleinen Pleuelauge gegenüber der Pleuelstange. Diese Funktion übernimmt eine oxidkeramische Zwischenschicht.

Bedingt durch die elektrische Reihenschaltung der beiden Kontaktpaarungen Pleuel/Bolzen und Bolzen/Kolben ermöglicht dieses Messprinzip die Detektierung folgender Reibungszustände:

- **Stromkreis geschlossen** : Festkörperkontakt in beiden Lagerstellen

- **Stromkreis offen** : Hydrodynamik in beiden oder in einer der beiden Lagerstellen.

5.3.1 Herstellung der elektrisch isolierten Lagerbuchse

Bei der Herstellung der elektrisch isolierten Lagerbuchse bestand die Zielsetzung darin, eine Zwischenschicht zwischen Lagerbuchse und Pleuel einzubringen. Das kleine Pleuelauge ist als Trapezpleuel ausgeführt. Die eingepresste Bronzelagerbuchse besteht aus gewalztem Flachmaterial, was diese aufgrund der dadurch existierenden Stoßkante als nicht beschichtungsgerecht darstellt. Daher muss die Buchse aus Vollmaterial hergestellt werden, wobei ein Herstellerwechsel mit leicht veränderter Materialspezifikation notwendig wird. Die Materialeigenschaften wie Härte, Zug- und Verschleißfestigkeit sowie die dynamischen Eigenschaften bleiben unberührt.

Die Zwischenschicht besteht aus Oxidkeramik und wird mittels eines Hochtemperaturbeschichtungsverfahrens auf die Außenfläche der Lagerbuchse aufgetragen. Nach dem Schleifen und Versiegeln besitzt die Schicht eine Wandstärke von 200 µm. Oxidkeramische Beschichtungen weisen sehr hohe Härten von bis zu 1500 HV auf, dienen zum Verschleiß- und Korrosionsschutz, sind bei Temperaturen bis zu 300°C einsetzbar und elektrisch nicht leitend und werden somit den Anforderungen des Messprinzips und den Belastungen im Kurbeltrieb gerecht.

Eine große Herausforderung stellte das Einsetzen der beschichteten Lagerbuchse in das kleine Pleuelauge dar. Generell werden Lagerbuchsen in das kleine Pleuelauge eingepresst, was hierbei jedoch durch die ungünstigen Spannungsverhältnisse während des Einpressvorgangs und der damit zwangsweise einhergehenden Beschädigung der Isolationsschicht nicht möglich war.

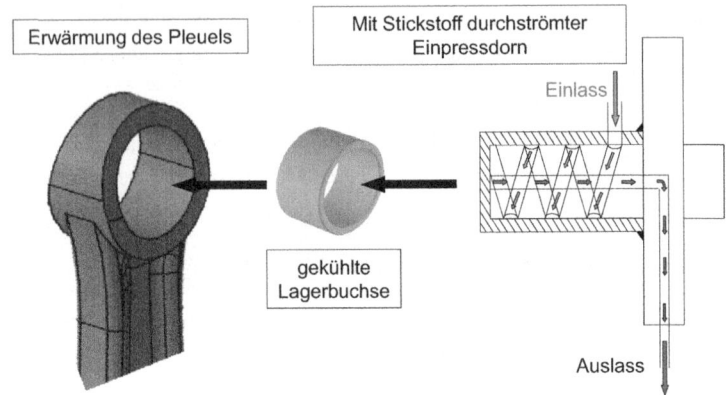

Abb. 40: Prinzipdarstellung für das Einpressen der isolierten Lagerbuchse

Das Einsetzten der Buchse musste deshalb vorspannungsfrei erfolgen. Zur Realisierung wurde daher das Pleuel erhitzt, um eine thermische Aufweitung des kleinen Auges zu erzielen, und die Lagerbuchse gekühlt, um diese zu schrumpfen (**Abb. 40**). Dafür wurde ein spezieller Einpressdorn entwickelt, der aus einer Aufnahmehülse besteht, die spiralförmig von flüssigem Stickstoff durchströmt werden kann und dadurch die Lagerbuchse abkühlt.

Abb. 41: Kleines Pleuelauge mit elektrisch isolierter Lagerbuchse

Abb. 41 stellt das kleine Pleuelauge mit isolierter Lagerbuchse dar. Nach Einsetzten der beschichteten Lagerbuchse wird die Bohrung des kleinen Pleuelauges auf Toleranzmaß fein gedreht.

6 Ergebnisse der experimentellen Untersuchungen

Die experimentellen Untersuchungen finden an einem Vollmotor statt. Die Bestückung des Versuchsträgers mit der Messtechnik erfolgt ausschließlich im vierten Zylinder, da hier die günstigsten Raumverhältnisse für den Einbau des Gelenkgetriebes zur leitungsgebundenen Signalübertragung vorliegen und die Befestigung der Grundplatte des Schwingensystems am Anlasser möglich ist.

Abhängig von dem zu untersuchenden Bewegungsverhalten werden die Messdaten über ein einzelnes und mehrere Arbeitsspiele dargestellt. Teilweise muss auch eine Mittelung über mehrere Zyklen durchgeführt werden, um eine deutlichere Vergleichbarkeit zu erzielen.

Die Benennung sämtlicher Messungen erfolgt in den Abbildungen mit entsprechender Angabe der Variante, Messreihe und des Betriebspunktes. Aufgrund der Versuchsvarianten und der Vielzahl von durchgeführten Messreihen erfolgt einleitend im folgenden Kapitel eine detaillierte Varianten- und Messprogrammdarstellung.

6.1 Variantendarstellung und Messprogramm

Das Variantenprogramm besteht aus insgesamt drei Designvarianten, die sich ausschließlich in ihrer Formgebung unterscheiden. **Tabelle 3** listet die drei Versuchsvarianten auf und veranschaulicht bezüglich des Kolben und –bolzens die Konstruktionsunterschiede (siehe **Abb. 42** und **Abb. 43**).

Tabelle 3: Variantenprogramm

Variante	Spezifikation bzgl. Kolben und Kolbenbolzen
VAR I	Serienkolben / **modifizierter Kolbenbolzen**
VAR II	Serienkolben / Serienkolbenbolzen
VAR III	**Kolben mit modifizierter Formbohrung** / Serienkolbenbolzen

Die aus konstruktiver und tribologischer Sicht eher ungünstige Variante I wurde zu Beginn des Vorhabens gewählt, um mit der zylindrischen Bohrung des Kolbenbolzens in Hinsicht auf eine gute Signalqualität eine adäquate Messfläche für die Messung der Axialbewegung bzw. der Drehung des Bolzens zu erreichen. Durch Optimierung der Messtechnik konnten bei Variante II und III diese Größen auch in den konischen Bohrungsenden des Serienbolzens gemessen werden. Dabei stellt die Variante II den Serienzustand dar und bei Variante III wurde ein Kolben mit modifizierter Formbohrung hinsichtlich einer günstigeren Druckverteilung in der Nabe verwendet.

Abb. 42 und **Abb. 43** zeigen die Unterschiede der modifizierten Formgebungen im Vergleich zu den in der Serie verbauten Bauteilen.

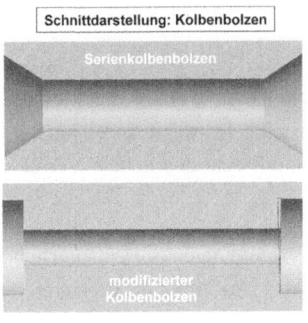 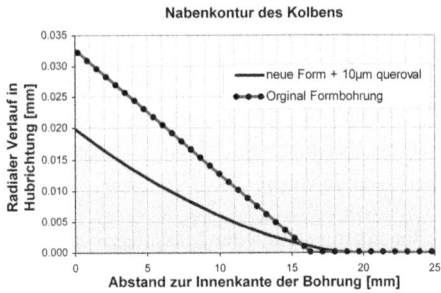

Abb. 42: Kolbenbolzenausführungen   Abb. 43: Nabenkontur der Formbohrungen

Die Formbohrung des Serienkolbens weitet sich zum kolbeninneren Ende der Nabe von einer zylindrischen Bohrung scharfkantig und linear trompetenförmig auf, was in hohen Lastbereichen durch die Kolbenbolzenreaktionskräfte ungünstige Druckspitzen im Bereich dieser Kante zur Folge hat. Die modifizierte Formbohrung besitzt zur Verlagerung dieser Druckspitzen hin zur Nabenmitte und zur Optimierung der Druckverteilung auf einen größeren Bereich der Nabenfläche einen weicheren, trompetenförmigen Übergang und ist zusätzlich 10 µm queroval.

Abb. 44 zeigt eine berechnete Verteilung der Flächenpressung in der Nabe bei maximalem Zylinderdruck und die Verlagerung der Druckmaxima in die Nabenmitte bei der modifizierten Formbohrung.

Aufgrund der verschiedenen Messkonzepte hinsichtlich der Verwendung verschiedener Kolbenbolzen mit zylindrischem oder konusförmigem Ende oder Kolben mit verschiedenen Formbohrungen ist es notwendig, für jede Versuchsvariante einen neuen Kolben mit neuer Messtechnik auszurüsten. Demzufolge wurden nur neue Kolben in nicht eingelaufenem Zustand verwendet.

6.1 Variantendarstellung und Messprogramm 59

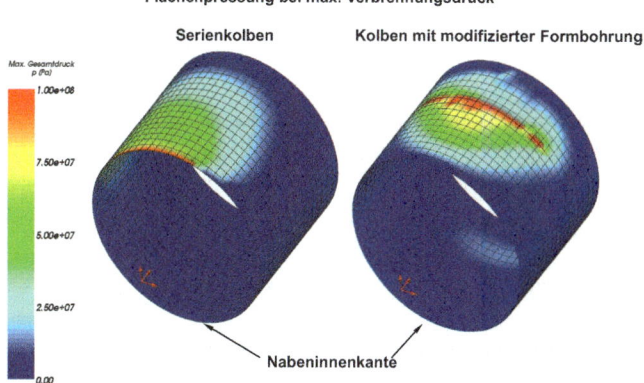

Abb. 44: Gegenüberstellung der Flächenpressung in der Nabenbohrung

Hauptkriterium bei der Festlegung des Messprogramms war, in einer möglichst kurzen Messzeit ein höchstmögliches Maß an Informationen zu gewinnen. Grund für die geringe Messzeit ist die begrenzte Lebensdauer der im Kolben applizierten Sensoren, des Schwingensystems und vor allem der Sensorsignalleitungen.

Das Messprogramm beinhaltet einen Drehzahlbereich von 1000 min^{-1} bis 3000 min^{-1}. Bei jeder Drehzahl wurden Schlepp-, Teillast- und Volllastmessungen durchgeführt.

Tabelle 4: Messprogramm

Drehzahl [min^{-1}]	Lastbereich	Drehmoment [Nm]
1000	Schleppbetrieb / Teillast / Volllast	-30 / 55 / 110
1500	Schleppbetrieb / Teillast / Volllast	-32 / 75 / 150
2000	Schleppbetrieb / Teillast / Volllast	-35 / 170 / 340
2500	Schleppbetrieb / Teillast / Volllast	-39 / 160 / 320
3000	Schleppbetrieb / Teillast / Volllast	-44 / 150 / 300

Auch im Schleppbetrieb zeigt der Dieselmotor einen verbrennungstypischen Zylinderdruckverlauf, so dass diese Betriebspunkte ebenfalls zur Bewertung des Verhaltens der Kolbenbolzenlagerung herangezogen werden. **Tabelle 4** stellt die Betriebspunkte des

Messprogramms dar. Je nach Versuchsvariante wurde das Messprogramm sequentiell wiederholt durchgeführt und mit der Abkürzung M + laufender Nummer deklariert (M1, M2 und M3)

- **VAR I** : **einfache** Durchführung des Messprogramms

    + **Wiederholung** ausgewählter Betriebspunkte

- **VAR II** : **dreifache** Durchführung des Messprogramms
- **VAR III**: **zweifache** Durchführungen des Messprogramms

    + **Messungen** mit stationären Kolbentemperaturen (Beharrungsmessungen)

    + **Messungen** ohne Kolbenkühlung.

Bei den Messungen handelt es sich um stationäre Betriebspunkte bezüglich Drehzahl, Last und Öltemperatur. Bei der dritten und letzten Variante wurden unter Hinnahme eines möglichen Ausfalls des Messsystems ausgewählte Betriebspunkte dementsprechend lange in Beharrung gehalten, bis die Kolbentemperaturen konstante Verhältnisse erreichten. Durch Unterbindung der Ölzufuhr zur Ölspritze wurden zuletzt Messungen ohne Kolbenkühlung realisiert, mit der Absicht die Schmierstoffzufuhr zur Kolbenbolzenlagerung zu verringern, wobei sich hierbei durch die mangelnde Kühlung keine stationären Kolbentemperaturen im relevanten Temperaturbereich einstellen konnten.

Die Vielzahl der durchgeführten Versuche erfordert zur besseren Übersicht eine Symbolisierung der einzelnen Varianten und Messreihen. Die wesentlichen Unterscheidungsmerkmale sind die Nummerierung der Varianten (VarI, VarII und VarIII) und die Nummerierung der jeweils durchgeführten Wiederholungen (M1, M2 und M3), im Folgenden auch Messreihe genannt. In abgekürzter Form bedeutet die Symbolisierung VarII-M1, dass ein ausgewählter Betriebspunkt der zweiten Variante bei der ersten Durchführung des Messprogramms bzw. erste Messreihe dargestellt ist.

6.2 Radiale Kolbenbolzenbewegung

Zur Veranschaulichung der folgenden Diagramme werden in **Abb. 45** exemplarisch alle vier Wegaufnehmer zur Erfassung der Radialbewegung in einem Diagramm bei dem Betriebspunkt 1500 min^{-1}, Teillast über einen Viertaktarbeitszyklus vorgestellt.

6.2 Radiale Kolbenbolzenbewegung

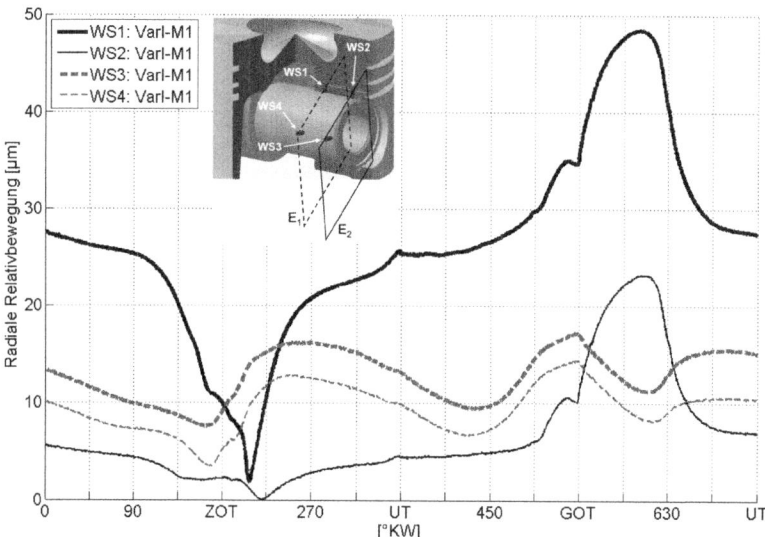

Abb. 45: Exemplarische Darstellung der radialen Relativbewegung
(VarI-M1, Teillast, U = 1500 min^{-1})

Hierbei handelt es sich um die Versuchsdurchführung der Variante I und der Messreihe 1. Die Sensoren WS1 und WS2 zeigen die Signalverläufe in Hubrichtung, WS3 und WS4 die Verläufe in Querrichtung.

Die Kurven der Aufnehmer in Hubrichtung zeigen an den Messpunkten aufgrund der Gas- und Massenkräfte eine Annäherung des Kolbenbolzens bei ZOT und eine Entfernung bei GOT. Der Größenunterschied der Amplitude beider Verläufe bei ZOT lässt sich dadurch erklären, dass der Sensor WS1 in dem Bereich der Kolbennabe appliziert ist, wo sich die Nabe aufgrund der Formbohrung zylindrisch, trompetenförmig aufweitet. Dieser Effekt ist bei den Aufnehmern, die die Bewegung in Querrichtung erfassen, nicht zu erkennen, obwohl auch hier der Sensor WS4 ebenfalls im Bereich der Aufweitung positioniert ist.

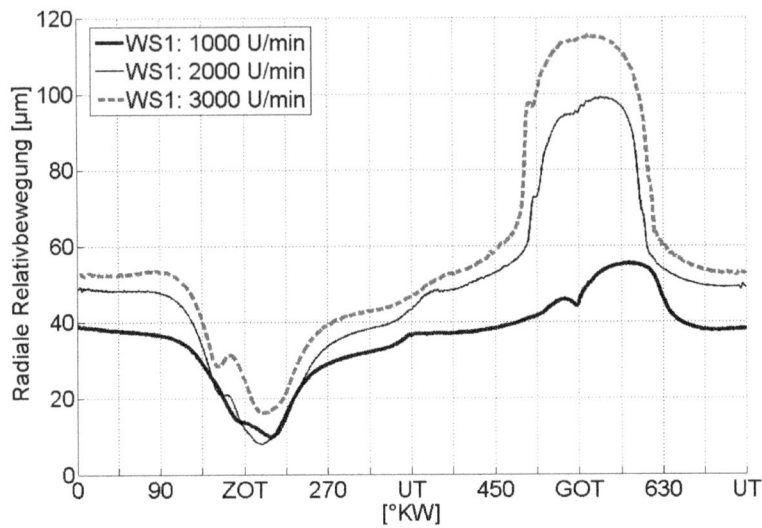

Abb. 46: Drehzahlabhängigkeit der Radialbewegung in Hubrichtung bei Volllast
(VarI-M1, Volllast, U = 1000 min^{-1} - 3000 min^{-1})

Abb. 46 und **Abb. 47** stellen die Drehzahlabhängigkeit der radialen Relativbewegung in Hubrichtung am Messpunkten WS1 und in Querrichtung am Messpunkt WS4 bei Volllast dar. Die Auswirkung der Drehzahlerhöhung ist sowohl in Hub- als auch in Querrichtung sichtlich im Bereich des GOT zu erkennen, in welchem die Bewegung zwischen Kolbennabe und Kolbenbolzen zunimmt.

Eine Lastabhängigkeit der Radialbewegung wird in **Abb. 48** und **Abb. 49** bei einer Drehzahl von 2000 min^{-1} dargestellt. Die Diagramme veranschaulichen, dass in Hubrichtung nicht nur das Bewegungsverhalten um GOT beeinflusst wird, sondern sich die Amplituden der Relativbewegung durch die erhöhten Gaskräfte im Bereich des ZOT erhöhen.

Eine Übersicht aller Betriebspunkte einer Messreihe bezüglich der Last- und Drehzahlabhängigkeit auf die Größe der radialen Bewegung des Kolbenbolzens zeigen **Abb. 50** und **Abb. 51**.

6.2 Radiale Kolbenbolzenbewegung

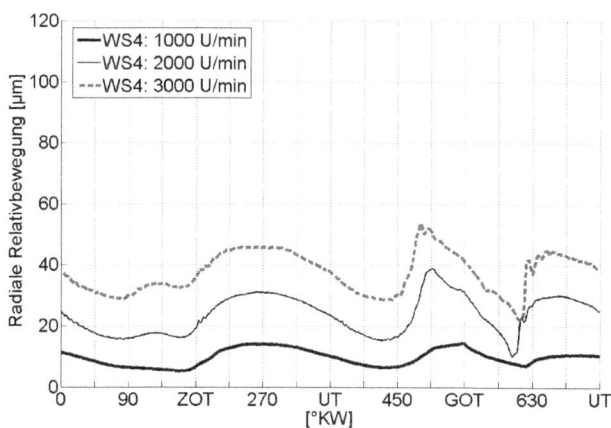

Abb. 47: Drehzahlabhängigkeit der Radialbewegung in Querrichtung bei Volllast
(VarI-M1, Volllast, U = 1000 min^{-1} - 3000 min^{-1})

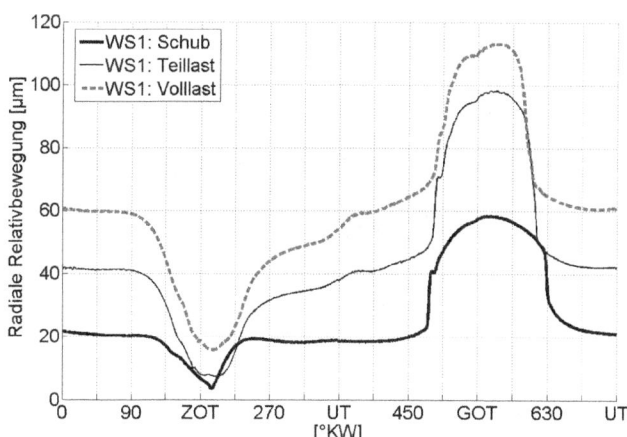

Abb. 48: Lastabhängigkeit der Radialbewegung in Hubrichtung
(VarI-M1, Schubbetrieb, Teil-, und Volllast, U = 2000 min^{-1})

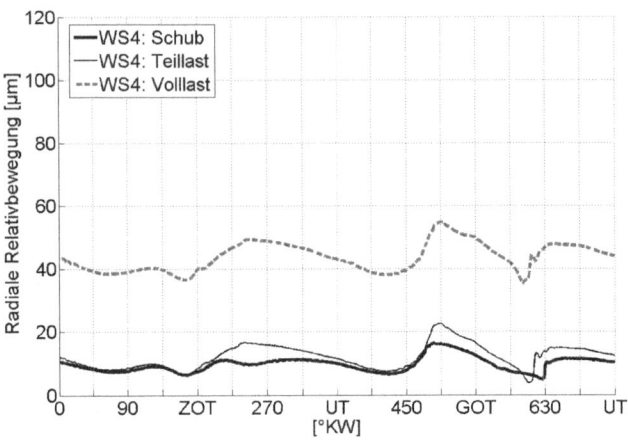

Abb. 49: Lastabhängigkeit der Radialbewegung in Querrichtung
(VarI-M1, Schubbetrieb, Teil-, und Volllast, U = 2000 min^{-1})

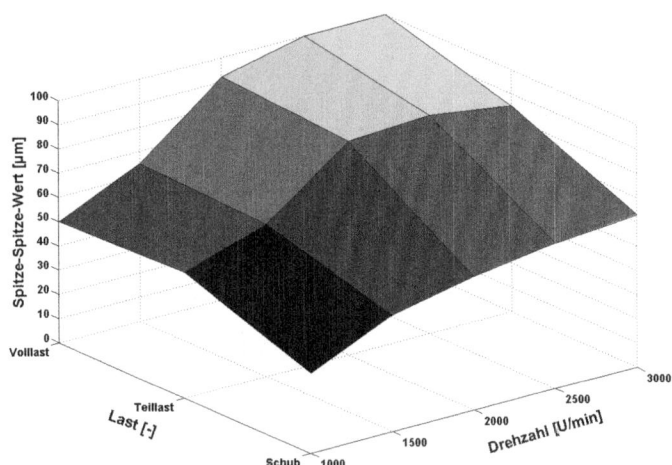

Abb. 50: Drehzahl- und Lastabhängigkeit der radialen Relativbewegung in Hubrichtung
(VarI-M1, WS1, Werte über 100 Arbeitsspiele gemittelt)

6.2 Radiale Kolbenbolzenbewegung

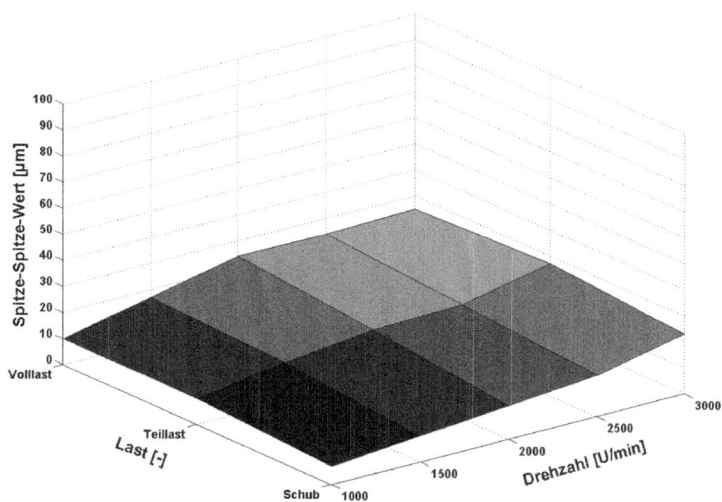

Abb. 51: Drehzahl- und Lastabhängigkeit der Radialbewegung in Querrichtung
(VarI-M1, WS4, Werte über 100 Arbeitsspiele gemittelt)

Dargestellt ist ein über 100 Arbeitsspiele gemittelter Spitze-Spitze-Wert eines Viertaktzyklus an den Messpunkten WS1 und WS4. Eine signifikante Erhöhung der Relativbewegung ist primär in Hubrichtung mit zunehmender Last und Drehzahl zu erkennen.

In **Abb. 52** und in **Abb. 53** wird bei der Variante III ein Vergleich zwischen den Messreihen M1 und M2 angestellt. Dargestellt sind jeweils die Signale beider Sensorpositionen in Hubrichtung und in Querrichtung. Zwischen den identischen Betriebspunkten der Messreihen liegt eine Zeitspanne von ca. 30 Minuten, innerhalb derer 15 weitere Betriebspunkte angefahren wurden. Die Aufnehmer WS2, WS3, und WS4 zeigen keine Unterschiede der Signalverläufe. An dem Messpunkt WS1 ist sowohl im Bereich des ZOT als auch zwischen 630 °KW und UT eine Verhaltensänderung der Relativbewegung wahrnehmbar. Bei weiteren Vergleichsanstellungen zwischen Messreihen innerhalb der Variante VarII ist ein ähnlicher Effekt Teillast wiederzufinden.

66 6 Ergebnisse der experimentellen Untersuchungen

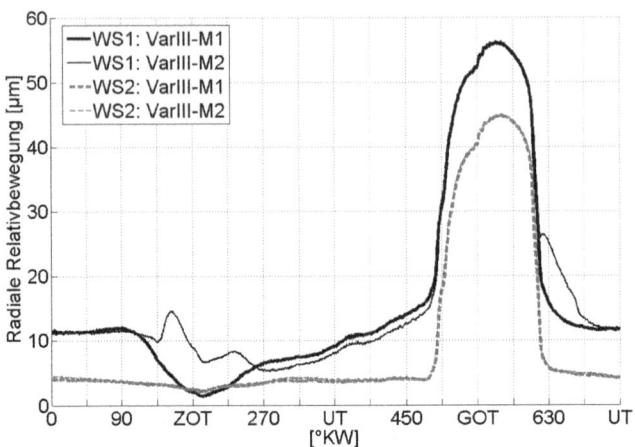

Abb. 52: Messreihenvergleich der Radialbewegung in Hubrichtung
(VarIII-M1/M2, Teillast, U = 2000 min^{-1})

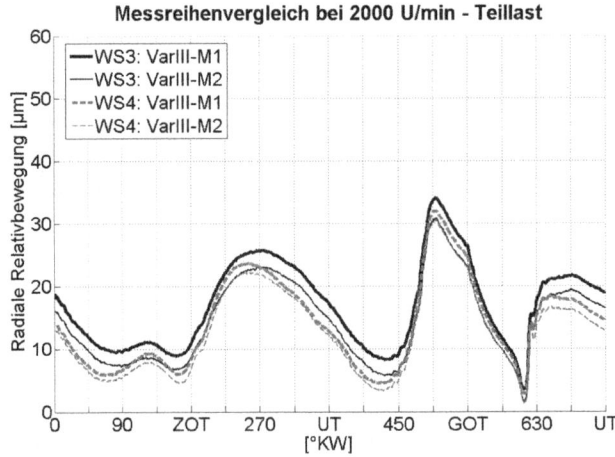

Abb. 53: Messreihenvergleich der Radialbewegung in Querrichtung
(VarIII-M1/M2, Teillast, U = 2000 min^{-1})

6.2 Radiale Kolbenbolzenbewegung

Der Spitz-Spitze-Wert der radialen Relativbewegung an der Sensorposition WS1 über alle gemessenen Betriebspunkte ist in **Abb. 54** und in **Abb. 55 Abb. 55** dargestellt. **Abb. 54** zeigt hierbei die Messreihe M1 und **Abb. 55** die Messreihe M2 der Variante VarIII. Der Vergleich veranschaulicht, analog zu vorherigen Betrachtung eines einzelnen Arbeitsspiels, dass zwischen den Messreihen in vielen Betriebspunkten Unterschiede zwischen den Maximalwerten der Bewegung herrschen. Die Erklärung hierfür liegt höchstwahrscheinlich im Einlaufverhalten, insbesondere der Laufflächenkonturen und der Reibwerte der tribologischen Kontaktpartner Pleuel, Kolbenbolzen und Kolben.

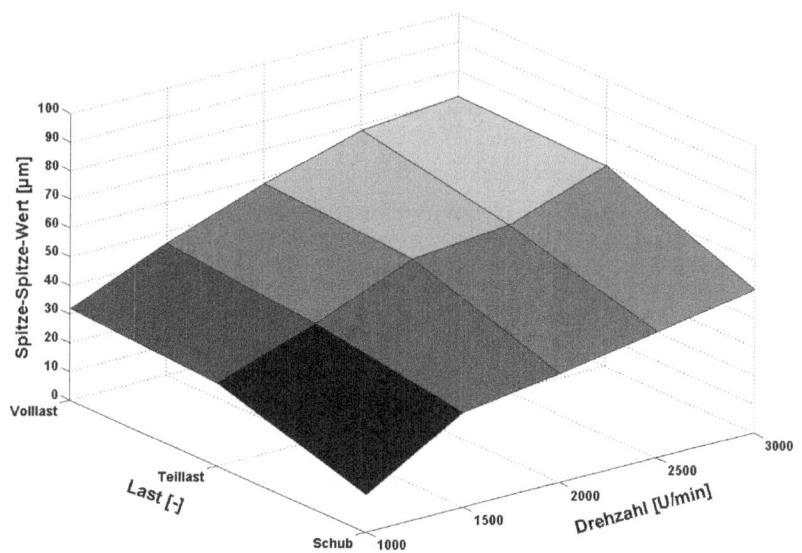

Abb. 54: Drehzahl- und Lastabhängigkeit der Sensorposition WS1
(VarIII-M1, Werte über 100 Arbeitsspiele gemittelt)

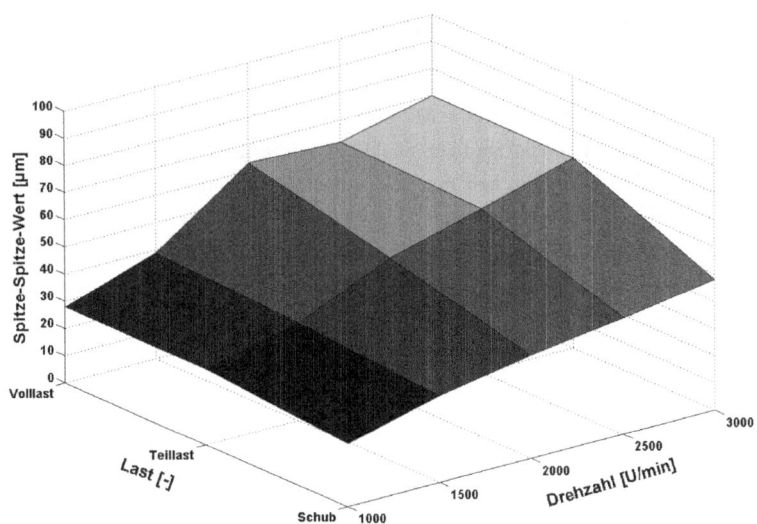

Abb. 55: Drehzahl- und Lastabhängigkeit der Sensorposition WS1
(VarIII-M2, Werte über 100 Arbeitsspiele gemittelt)

Abb. 56 und **Abb. 57** stellen an den Messpunkten WS1 und WS4 den Vergleich zwischen VarI, VarII und VarIII in Hub- und Querrichtung bei 2000 min^{-1}, Volllast, dar. Die Bewegungen der verschiedenen Varianten zeigen in Querrichtung nahezu ein identisches Bild. In Hubrichtung sind die Verläufe sehr ähnlich, bis auf das sich die Amplituden in den Bereichen ZOT und GOT unterscheiden. Betrachtet man die Designunterschiede der Varianten (vgl. Kap. 6.1) lässt sich schlussfolgern, dass bei stärkerer Ovalisierung des Kolbenbolzens und zusätzlich eine Querovalität in der Formbohrung der Nabe die Relativbewegung in Hubrichtung sich vor allem im Bereich des ZOT verringert. Der Versatz der Signalverläufe resultiert aus dem messtechnisch bedingten Nullpunktdrift, der die Linearität der Abstandsmessung nicht beeinflusst.

6.2 Radiale Kolbenbolzenbewegung

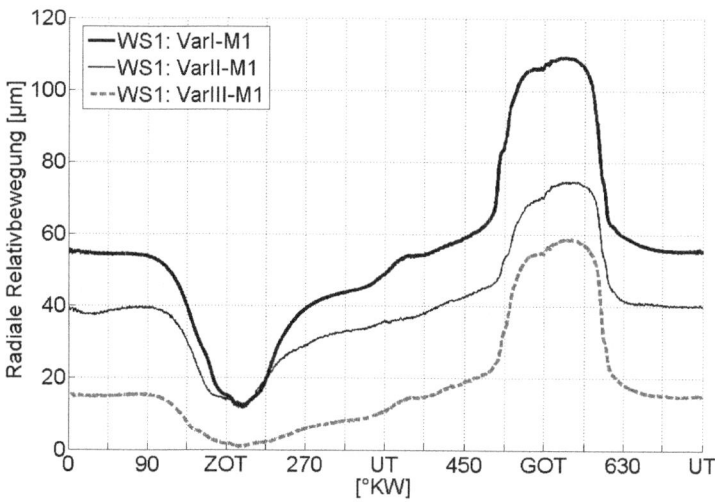

Abb. 56: Variantenvergleich der Radialbewegung in Hubrichtung (Volllast, U = 2000 min^{-1})

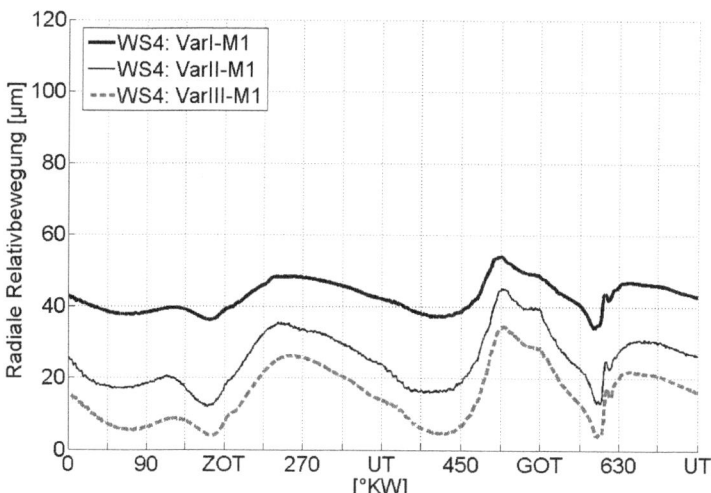

Abb. 57: Variantenvergleich der Radialbewegung in Querrichtung (Volllast, U = 2000 min^{-1})

Bei der dritten Variante wurden unter Hinnahme eines möglichen Ausfalls des Messsystems und somit des Versuchsträgers die ausgewählten Betriebspunkte solange in Beharrung gefahren, bis sich möglichst stabile Verhältnisse bezüglich der Pleuel- und Kolbentemperaturen einstellten. Bei den Versuchsdurchführungen der einzelnen Messreihen musste zur Schonung der gesamten Messtechnik darauf verzichtet werden.

Abb. 58 und **Abb. 59** zeigen wiederum in Hub- und Querrichtung eine Gegenüberstellung der Radialbewegung der ersten Messreihe der Variante III mit einer Beharrungsmessung bei dem Betriebspunkt 1000 min^{-1}, Teillast. Auch bei diesem Vergleich zeigt sich, dass das Bewegungsverhalten in Querrichtung keine wesentlichen Unterschiede darbietet. Das Verhalten an dem Messpunkt WS2 in Hubrichtung zeigt ebenfalls bis auf die Verschiebung infolge des Drifts den identischen Verlauf. Der Messpunkt WS1 jedoch weist, wie bei den Messreihen ohne Temperaturbeharrung, Änderungen im Bewegungsverhalten im Bereich um ZOT und zwischen 630 °KW und UT auf, wobei nach längerer Laufzeit der Effekt noch ausgeprägter ist.

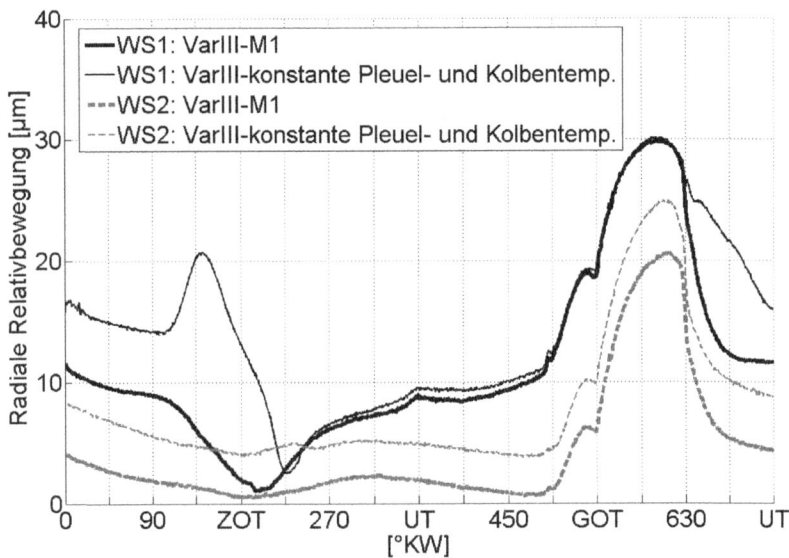

Abb. 58: Vergleich der Radialbewegung in Hubrichtung bei Temperaturbeharrung (VarIII, Teillast, U = 1000 min^{-1}, konstante Pleuel- und Kolbentemperaturen)

6.2 Radiale Kolbenbolzenbewegung

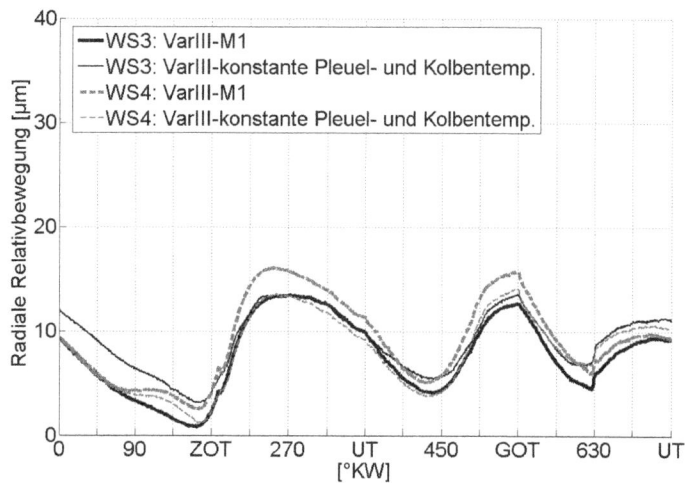

Abb. 59: Vergleich der Radialbewegung in Querrichtung bei Temperaturbeharrung
(VarIII, Teillast, U = 1000 min^{-1}, konstante Pleuel- und Kolbentemperaturen)

Die Variierung der Schmierstoffzufuhr zur Kolbenbolzenlagerung soll eine mögliche Einflussnahme des Schmierfilms in den Lagerstellen auf das Bewegungsverhalten des Kolbenbolzens aufzeigen. Um das Ölangebot deutlich zu verringern, wurde hierfür bei den letzten Versuchsdurchführungen der Variante III die Ölzufuhr zur Kolbenspritze, die in erster Linie zur Kolbenkühlung dient, unterbunden. Durch diese Maßnahme soll erreicht werden, dass die Kolbenbolzenlagerung nicht durch den Ölspritzstahl und das aus dem Kühlkanal rücklaufende Öl versorgt wird. So bleiben für eine mögliche Versorgung der Lagerung nur der im Kurbelgehäuse befindliche Ölnebel und das aus dem Ölabstreifring zur Verfügung gestellte Öl übrig.

Abb. 60 und **Abb. 61** vergleichen Messungen mit und ohne Kolbenkühlung bei dem Betriebspunkt 1000 min^{-1}, Teillast. Die Charakteristik der Bewegungsverläufe bleibt trotz fehlender Schmierstoffzufuhr ähnlich. Jedoch ist deutlich zu erkennen, dass an allen Messpunkten die Amplituden größer werden. Durch die reduzierte Schmierstoffzufuhr liegt ein geringerer Ölvorrat in den Lagerstellen vor.

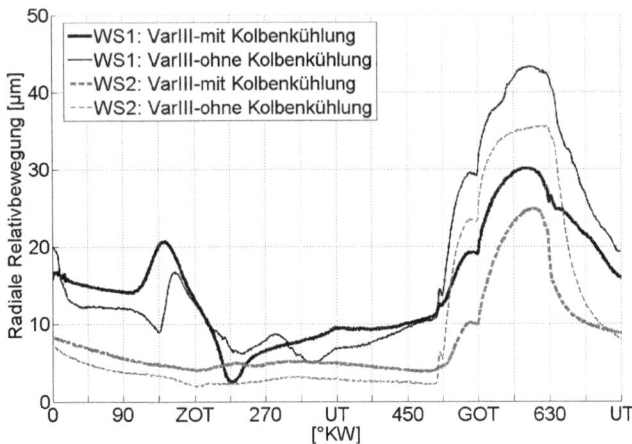

Abb. 60: Vergleich der Radialbewegung in Hubrichtung mit reduzierter Schmierstoffzufuhr (VarIII, Teillast, $U = 1000\ min^{-1}$)

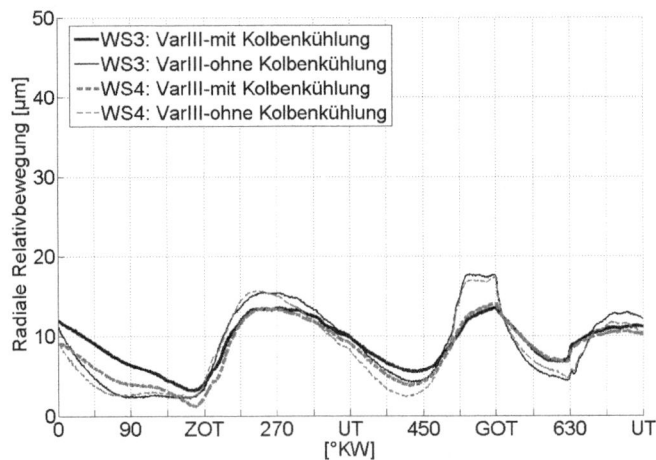

Abb. 61: Vergleich der Radialbewegung in Querrichtung mit reduzierter Schmierstoffzufuhr (VarIII, Teillast, $U = 1000\ min^{-1}$)

6.3 Drehbewegung des Kolbenbolzens

Somit sind der Schmierstofffüllungsgrad im Kolbenbolzenlager und der Verdrängungswiderstand in den Schmierspalten niedriger, was zu einer vergrößerten Relativbewegung zwischen Kolben und Kolbenbolzen führt. Ein möglicher Temperatureinfluss wurde begrenzt, indem der Startzeitpunkt der Messung so gewählt wurde, dass die Temperaturen in der Kolbennabe mit und ohne Kolbenkühlung das gleiche Niveau hatten und somit gleiches Lagerspiel gewährleistet wurde.

6.3 Drehbewegung des Kolbenbolzens

Die Drehbewegung des Kolbenbolzens wurde relativ zum Kolben erfasst. Die zahlreich untersuchten Betriebspunkte und die sich daraus unterschiedlich ergebenen Drehbewegungsmessungen machen es sinnvoll, die Analyse in eine Langzeitdrehung und in eine arbeitsspielspezifische Rotation des Kolbenbolzens zu unterteilen.

Die Betrachtung der Langzeitdrehung beruht darauf, die Drehung über mehrere Arbeitsspiele zu analysieren. **Abb. 62** zeigt das Rohsignal einer Drehbewegungsmessung über 200 Arbeitsspiele bei 1500 min^{-1} im Schubbetrieb. Der Kurvenverlauf ergibt sich aus dem Messprinzip.

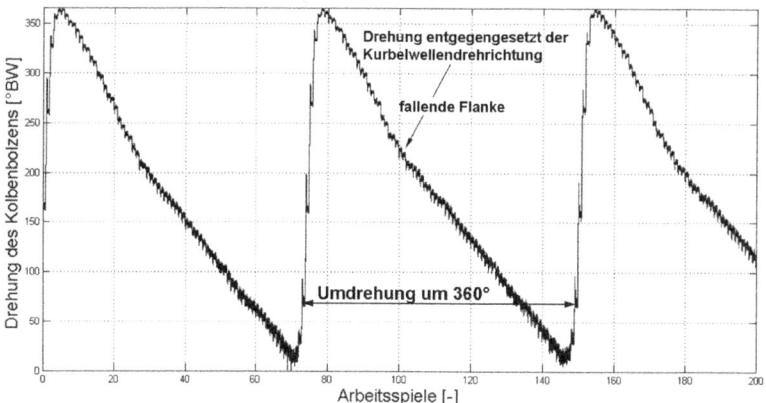

Abb. 62: Betrachtung der Langzeitdrehung (VarIII-M1, Schubbetrieb, U = 1500 min^{-1})

Ein Sägezahnprofil entspricht dabei dem auf dem Kolbenbolzen erodierten Schraubengang über 360° und repräsentiert eine komplette Umdrehung des Bolzens relativ zum Kolben. Die im Diagramm dargestellte fallende Flanke veranschaulicht, dass es sich hierbei um eine Drehung des Bolzens entgegengesetzt der Drehrichtung der Kurbelwelle handelt. Der Sprung von 0° BW auf 360° BW entsteht messtechnisch durch den Übergang der erodierten Schraubenlinie und bedeutet nicht, dass der Kolbenbolzen sich innerhalbe weniger Arbeitsspiele um 360° BW in Kurbelwellendrehrichtung dreht. Eine volle Umdrehung des Kolbenbolzens benötigt bei diesem Betriebspunkt etwas mehr als 70 Arbeitsspiele.

Die Dauer für eine Umdrehung, die Drehrichtung und die Drehgeschwindigkeit während einer Messung sind bei Betrachtung aller Versuchsdurchführungen jedoch deutlich betriebspunkt- und variantenabhängig. Auch identische Betriebsunkte der gleichen Variante lieferten kein reproduzierbares Bewegungsverhalten.

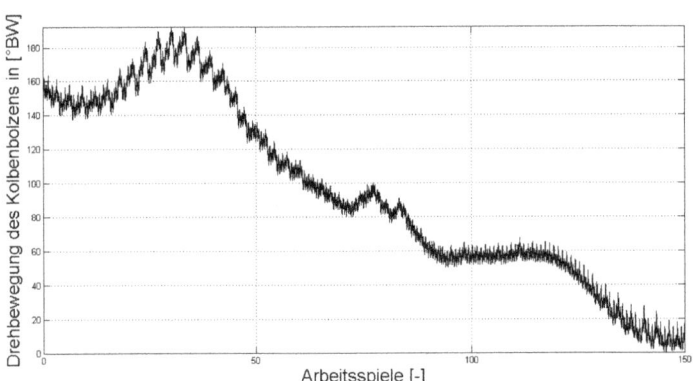

Abb. 63: Diskontinuität der Langzeitdrehung (VarIII-M2, Volllast, U = 2500 min^{-1})

Abb. 63 veranschaulicht in der Vergleichsbetrachtung zu Abb. 62 oben beschriebenes Verhaltensweisen der Langzeitdrehung bei dem Betriebspunkt 2500 min^{-1}, Volllast, der Variante III über 150 Arbeitsspiele. Zusätzlich wird dargelegt, dass Diskontinuitäten der Drehrichtung und –geschwindigkeit während der Messung eines Betriebspunktes auftreten können.

6.3 Drehbewegung des Kolbenbolzens

Eine Übersicht über die Langzeitdrehung aller Betriebspunkte einer Messreihe zeigt **Abb. 64**, wobei die Langzeitdrehung auf die Drehung des Kolbenbolzens pro Arbeitsspiel normiert ist. Das Diagramm stellt den Mittelwert der Bolzendrehung über 100 Arbeitsspiele dar. Der Mittelwert wird über die Differenzbetrachtung errechnet. Positive Werte bedeuten eine Drehrichtung des Bolzens in Kurbelwellendrehrichtung, negative Werte eine gegenläufige Drehung. Bei dem Wert Null findet keine definierte kontinuierliche Drehung des Bolzens in eine Richtung statt. Die Übersicht verdeutlicht, dass mit höheren Drehzahlen eine Verringerung der Drehgeschwindigkeit entgegengesetzt zur Kurbelwellendrehrichtung stattfindet. Bei den Betriebspunkten mit 3000 min^{-1}, vollzieht der Kolbenbolzen eine Drehrichtungsumkehr in eine kontinuierliche Drehung in Kurbelwellendrehrichtung.

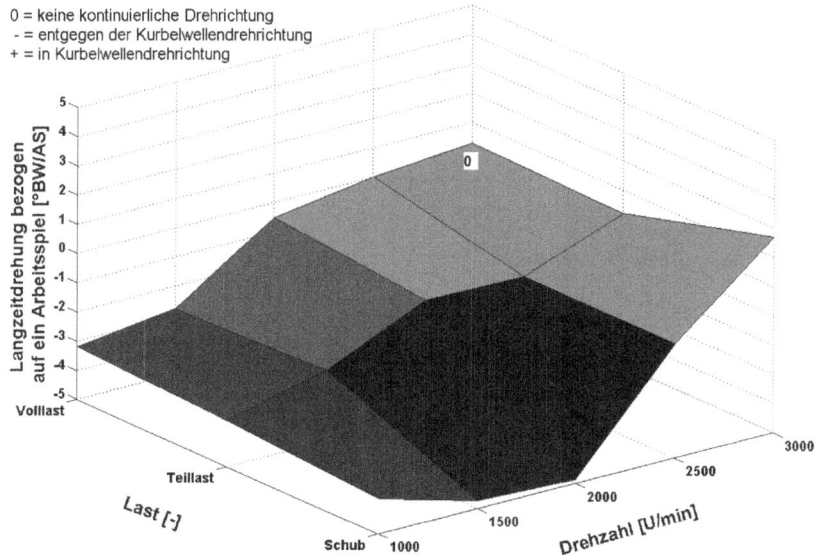

Abb. 64: Übersichtsdarstellung der Langzeitdrehung für eine vollständige Messreihe (VarI-M1, Werte über 100 Arbeitsspiele gemittelt)

Einen Vergleich der Langzeitdrehung zwischen zwei Messreihen einer Variante zeigen **Abb. 65** und **Abb. 66**, in denen die erste und zweite Messreihe der Variante III dargestellt sind. Es ist zu erkennen, dass bei der ersten Messreihe (**Abb. 65**) im Betriebspunkt 2500 min^{-1}, Schubbetrieb, eine Langzeitdrehung in Kurbelwellendrehrichtung erfolgt, während bei der zweiten Durchführung der Messreihe (**Abb. 66**) der Kolbenbolzen bei allen Betriebspunkten nur die Drehrichtung entgegen der Kurbelwelle besitzt. Beim Vergleich fällt ebenfalls auf, dass Betriebspunkte mit kontinuierlicher Drehrichtung zunehmen und die Drehgeschwindigkeit sich hin zu niedrigeren Motordrehzahlen und Lasten erhöht.

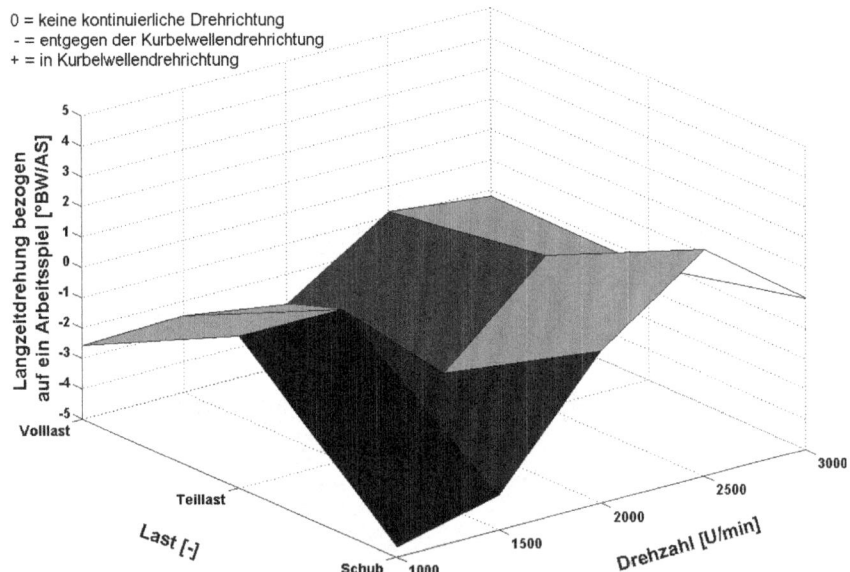

Abb. 65: Übersicht Langzeitdrehung - Erste Messreihe der dritten Variante (VarIII-M1, Werte über 100 Arbeitsspiele gemittelt)

6.3 Drehbewegung des Kolbenbolzens

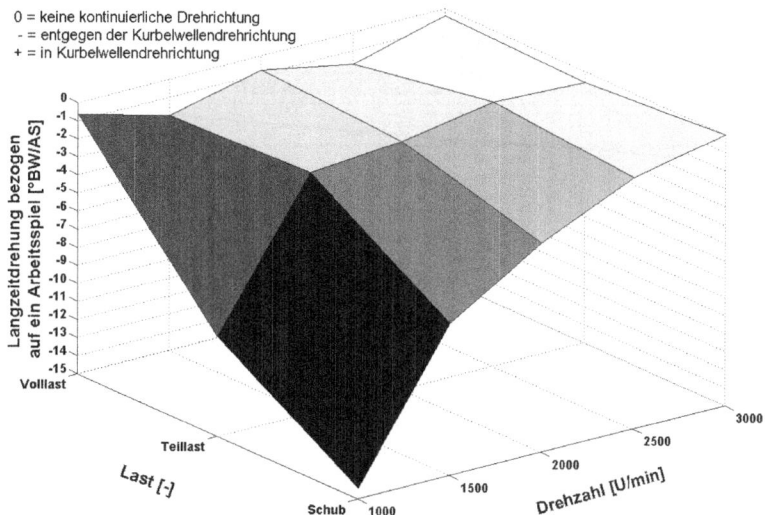

Abb. 66: Übersicht Langzeitdrehung - Zweite Messreihe der dritten Variante
(VarIII-M2, Werte über 100 Arbeitsspiele gemittelt)

Mit dem Ziel, ein reproduzierbares Drehbewegungsverhalten bei identischen Betriebspunkten zu realisieren, wurden im Anschluss an die letzte Messreihe Beharrungsmessungen, wie in Kap. 6.1 beschrieben, durchgeführt. Intension hierbei war, ein Maximum an Einflussgrößen auf das Bewegungsverhalten konstant zu halten. Das Ergebnis der Langzeitdrehung dieser Versuchsdurchführungen wird in **Abb. 67** bei den Betriebspunkten 1000 min^{-1} und 2000 min^{-1}, Teillast, vorgestellt. Bei dem Betriebspunkt 1000 min^{-1}, Teillast, ist bei den drei Vergleichsmessungen, im Gegensatz zu den Versuchsdurchführungen der Messreihen, ein annähernd konstantes Verhalten in der Drehbewegung zu beobachten. Beim Betriebspunkt 2000 min^{-1}, Teillast, zeigt eine der drei Messungen jedoch keine Langzeitdrehung.

Bei Variierung der Schmierstoffzufuhr durch Unterbindung der Kolbenkühlung mittels der Ölspritze ist in Kap. 6.2 aufgezeigt worden, dass sich bei geringerem Ölangebot die radiale Relativbewegung erhöht.

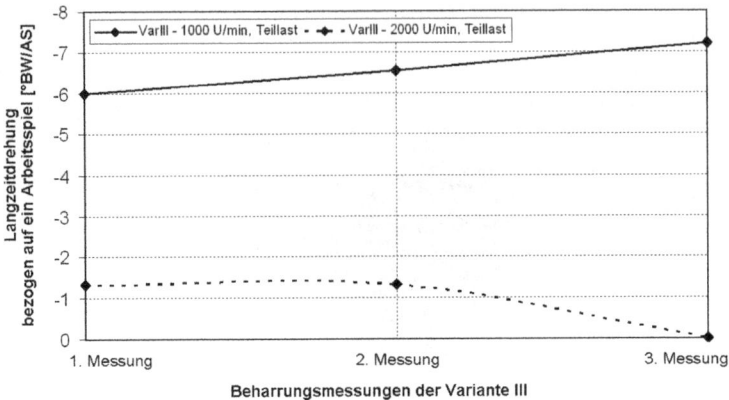

Abb. 67: Vergleich der Langzeitdrehung bei Betriebspunkten mit stationären thermischen Randbedingungen

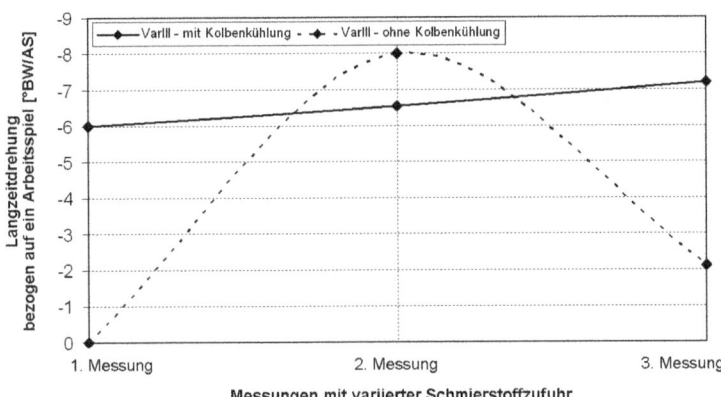

Abb. 68: Vergleich der Langzeitdrehung bei variierter Schmierstoffzufuhr

6.3 Drehbewegung des Kolbenbolzens

Die Auswirkung auf die Langzeitdrehung durch das reduzierte Ölangebot an den Lagerstellen ist in **Abb. 68** dargestellt. Zur Referenz dienen die Ergebnisse der Beharrungsmessungen. Das Resultat der Messungen ohne Kolbenkühlung zeigt keine Auswirkungen, die Tendenzen hervorgerufen durch die Schmierstoffzufuhr bzgl. der Richtung und Geschwindigkeit der Drehbewegung erkennen lassen, sondern stellt eher ein stochastisches Verhalten dar.

Insgesamt zeigt die Betrachtung der Langzeitdrehung der zahlreich durchgeführten Messungen bezüglich der Betriebspunkte, Messreihen und Varianten keine erkennbaren Verhaltensmuster. Ein Grund hierfür ist möglicherweise der Einlaufvorgang der tribologischen Reibpartner. Wie zu Beginn des Kapitels ausgeführt, werden die Drehbewegungsanalysen in eine Langzeitdrehung und in eine Rotation des Kolbenbolzens unterteilt. Die Rotation bezieht sich auf die Drehbewegung des Kolbenbolzens während eines Arbeitsspiels. Im Folgenden wird das Rotationsverhalten an einigen ausgewählten Betriebspunkten vorgestellt.

Abb. 69 zeigt die Rotation des Kolbenbolzens bei dem Betriebspunkt 1000 min^{-1}, Schubbetrieb. Zur Orientierung ist qualitativ die Richtung der Pleuelschwenkbewegung aufgetragen. Im Bereich von UT (vor ZOT) bis zu GOT haftet der Bolzen am Kolben (keine Bolzendrehung), danach erfolgt eine kurzzeitige Drehung des Bolzen mit der Pleueldrehrichtung um ca. 4 Grad entgegen der Kurbelwellendrehrichtung.

Ein Vergleich der Auswirkung der Drehzahlerhöhung auf die Rotation wird in **Abb. 70** angestellt. Dargestellt sind die Betriebspunkte 1000 min^{-1} und 3000 min^{-1}, jeweils Schubbetrieb. Hierbei ist zu erkennen, dass bei dem Betriebspunkt 3000 min^{-1} keine Rotation stattfindet. Bei 1000 min^{-1} hingegen dreht sich der Kolbenbolzen von GOT bis UT nach GOT mit dem kleinen Pleuelauge. Analog zu **Abb. 69** haftet auch bei diesen Betriebspunkten der Bolzen von UT (vor ZOT) bis zu GOT am Kolben.

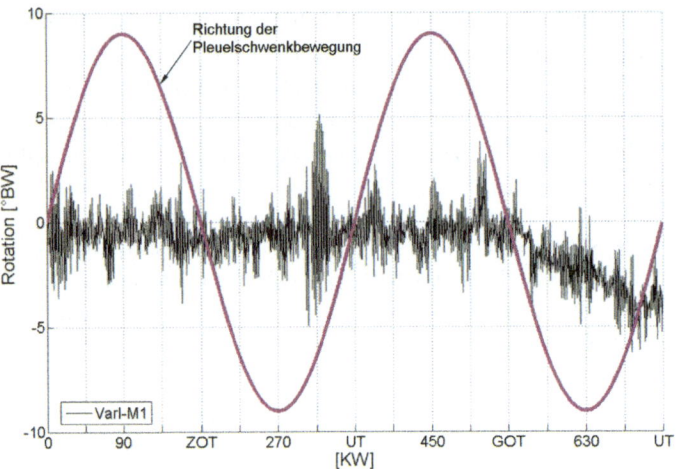

Abb. 69: Rotation des Kolbenbolzens (VarI-M1, Schubbetrieb, U = 2500 min^{-1})

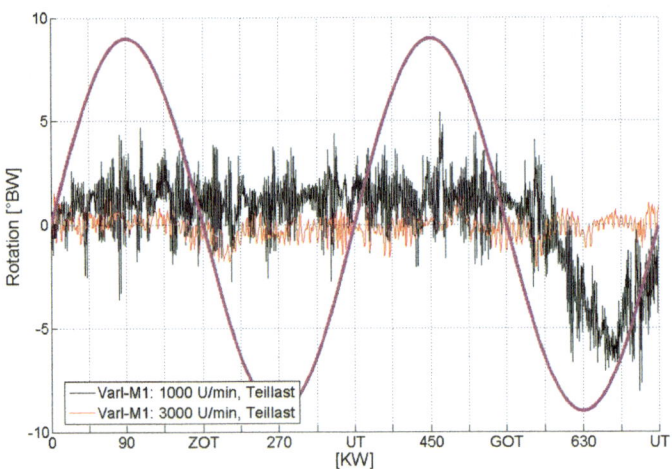

Abb. 70: Vergleich der Kolbenbolzenrotation bei Drehzahlerhöhung
(VarI-M1, Teillast, U = 1000 min^{-1} und U = 3000 min^{-1})

6.3 Drehbewegung des Kolbenbolzens

Abb. 71 zeigt den Vergleich der Rotation bei einer Lasterhöhung und einer konstanter Drehzahl von 1000 min^{-1}. Durch Erhöhung der Last folgt der Kolbenbolzen von GOT bis UT zunehmend in Betrag und Richtung der Schwenkbewegung des kleinen Pleuelauges.

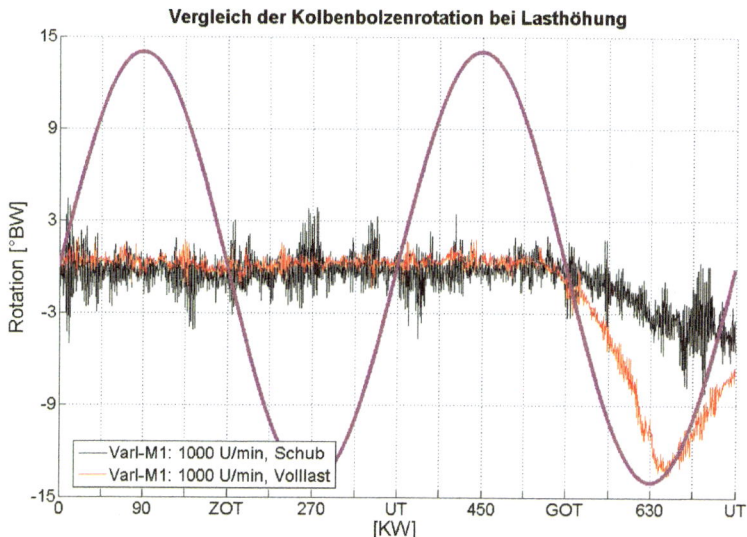

Abb. 71: Vergleich der Kolbenbolzenrotation bei Lasterhöhung
(VarI-M1, Schubbetrieb und Volllast, U = 1000 min^{-1})

Abb. 72 und **Abb. 73** zeigen ebenfalls einen Vergleich der Rotation bei einer Lasterhöhung. Angestellt wird der Vergleich bei einer Drehzahl von 3000 min^{-1}. Dargestellt sind zwei direkt aufeinanderfolgende Arbeitsspiele. Die Schaubilder veranschaulichen, dass eine Lasterhöhung bei einer hohen Drehzahl zum Rotationsstillstand führen kann. Ein interessante Beobachtung ist der Beginn der Rotationsbewegung der zwei dargestellten Arbeitsspiele im Schubbetrieb.

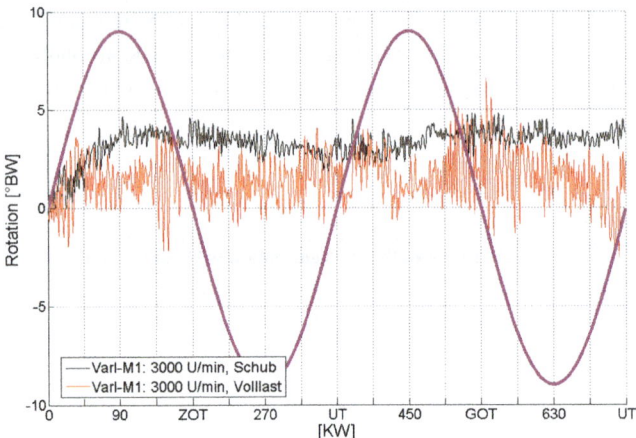

Abb. 72: Vergleich der Kolbenbolzenrotation bei Lasterhöhung
(VarI-M1, Schubbetrieb und Volllast, $U = 3000 \text{ min}^{-1}$, Arbeitsspiel 29)

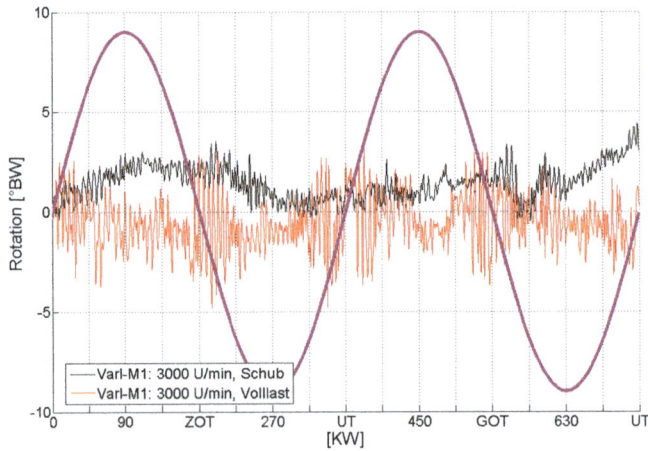

Abb. 73: Vergleich der Kolbenbolzenrotation bei Lasterhöhung
(VarI-M1, Schubbetrieb und Volllast, $U = 3000 \text{ min}^{-1}$, Arbeitsspiel 3)

6.3 Drehbewegung des Kolbenbolzens

Zu erkennen ist, dass beim 29. Arbeitsspiel der Beginn der Rotation kurz nach UT vor ZOT und bei Arbeitsspiel 30 bei 630 °KW erfolgt, d.h. dass das Reibmomentdifferenz am Kolbenbolzen zwischen dem kleinen Pleuelauge und der Kolbennabe bei zwei Arbeitsspielen bei konstanten Betriebspunkt nicht identisch sein muss. Die Ursache lässt sich in sehr sensiblen Vorgängen der Schmierung vermuten, da im Schubbetrieb weitere Einflussgrößen wie Gas- und Massenkräfte, Verformungen des Kolbens und der Laufflächenkontur geringe Schwankungen aufweisen.

In **Abb. 74** sind zwei unterschiedliche Messungen gleicher Betriebspunkte der Variante I dargestellt. Bei der zweiten Messung folgt der Kolbenbolzen von GOT bis 90° vor ZOT in höherem Anteil in Betrag und Richtung der Bewegung des kleinen Pleuelauges. Die bisherigen Rotationsanalysen veranschaulichen, dass eine Drehung des Kolbenbolzens überwiegend in der Phase nach GOT stattfindet. Ein Vergleich der Variante I mit der Variante III verdeutlicht, dass Rotationen durchaus auch im Bereich kurz nach ZOT in Richtung der Pleuelschwenkbewegung erfolgen können.

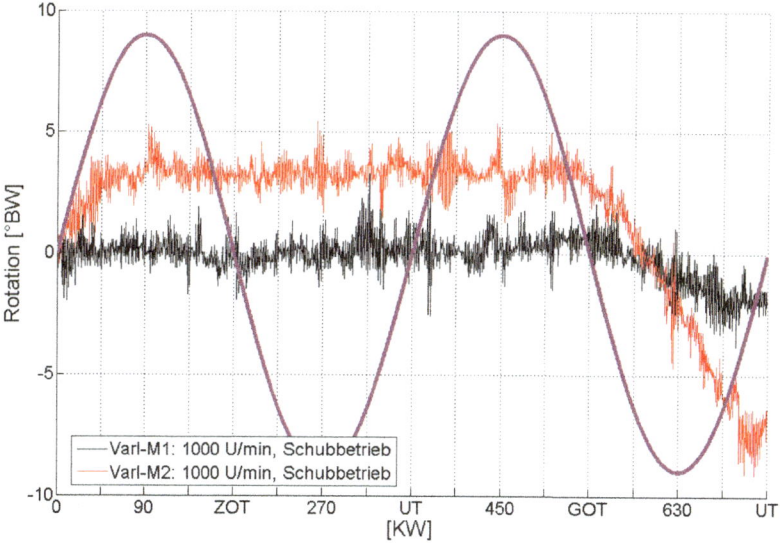

Abb. 74: Vergleich der Kolbenbolzenrotation zweier Messreihen
(VarI-M1/M2, Schubbetrieb, U = 1000 min^{-1})

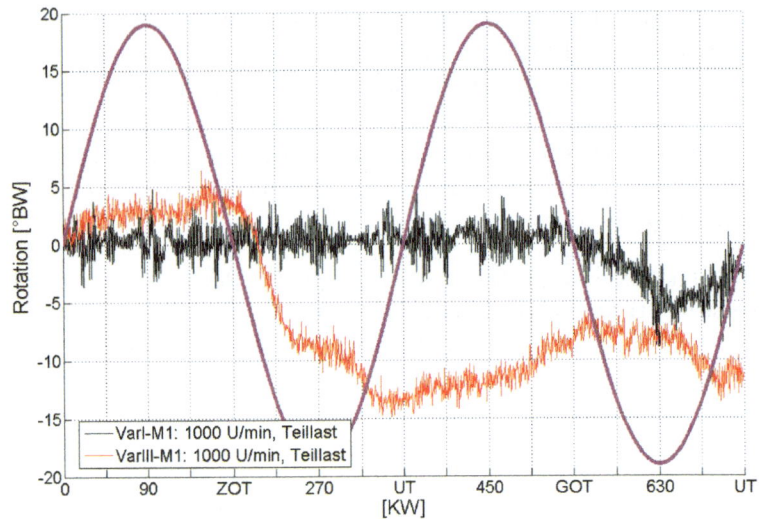

Abb. 75: Vergleich der Kolbenbolzenrotation zweier Varianten
(VarI/II-M1, Teillast, U = 1000 min^{-1})

6.4 Mischreibungszustände

Die Auswertung der Detektierung der Mischreibung erfolgt arbeitsspielbezogen. Zur Veranschaulichung der Ergebnisse sind jeweils die Kolbenbolzenrotation mit der qualitativ hinzugefügten Pleuelschwenkbewegung und die radiale Relativbewegung an den Messpunkten WS1 und WS4 zusätzlich aufgeführt.

Dem Messprinzip entsprechend (siehe Kap. 5.3) können Mischreibungszustände ermittelt werden, bei denen gleichzeitiger Kontakt des Kolbenbolzens in den Lagerstellen Pleuelauge und Nabe auftritt. Die Zustände des hydrodynamischen Schmierfilms nur in einer der Bolzenlagerstellen oder in beiden können nicht differenziert werden.

Abb. 76 zeigt die Mischreibungsdetektierung bei dem Betriebspunkt 1000 min^{-1}, Schubbetrieb. Um die Kontaktzustände im Diagramm übersichtlicher darzustellen, sind die Bereiche, in denen gleichzeitiger Festkörperkontakt in beiden Lagerstellen auftritt, gepunktet unterlegt.

6.4 Mischreibungszustände

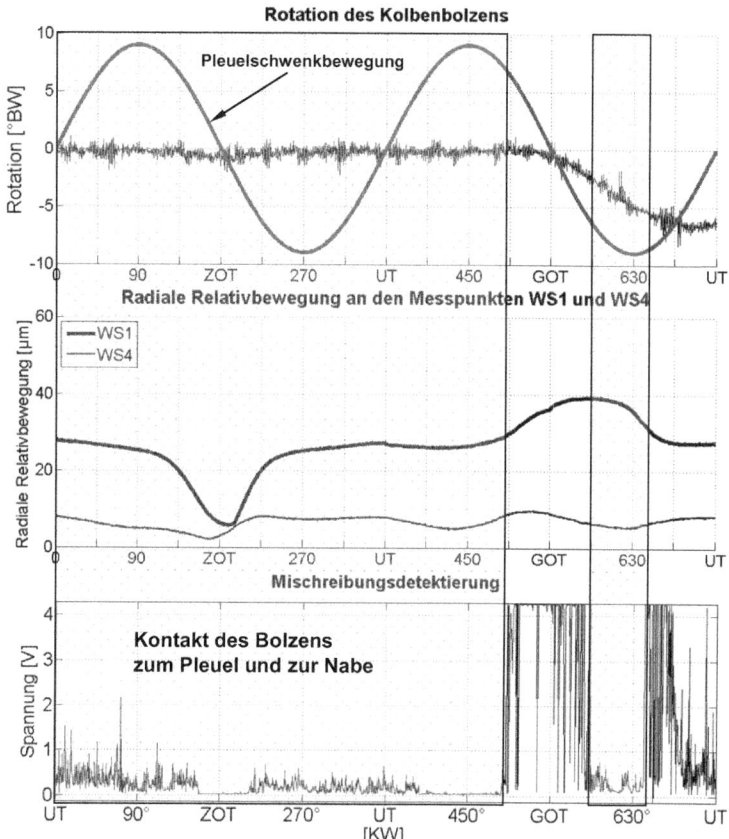

Abb. 76: Mischreibungsdetektierung der Messreihe M1 im Schubbetrieb
(VarI-M1, Schubbetrieb, $U = 1000 \text{ min}^{-1}$)

In den nicht unterlegten Bereichen existiert entweder in einem der beiden oder in beiden Lagerstellen kein Festkörperkontakt und somit hydrodynamischer Schmierfilm. Im Diagramm ist zu sehen, dass von UT vor ZOT bis ca. 45 °KW vor GOT und um 630 °KW in beiden Lagerstellen gleichzeitig Festkörperkontakt vorliegt. Zwischen UT vor ZOT bis ca. 45 °KW vor GOT vollzieht der Kolbenbolzen keine Drehbewegung, wodurch Mischreibung im kleinen Pleuelauge besteht. Im Bereich um 630 °KW muss in beiden Lagerstellen ein Mischreibungszustand herrschen, da der Kolbenbolzen eine Rotationsbewegung durchführt.

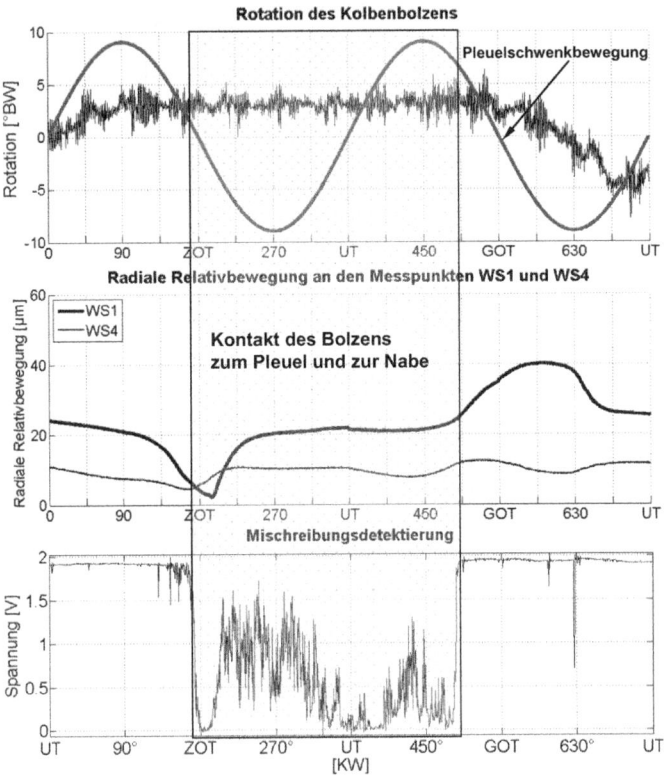

Abb. 77: Mischreibungsdetektierung der Messreihe M2 im Schubbetrieb
(VarI-M2, Schubbetrieb, U = 1000 min^{-1})

Abb. 77 zeigt eine zweite Messung des identischen Betriebspunktes mit einer erhöhten Laufzeit von etwa 30 Minuten. Der Anteil des gleichzeitigen Festkörperkontaktes hat sich hierbei verringert.

Im Vergleich zu **Abb. 76** und zu **Abb. 77** stellt **Abb. 78** mit dem Betriebspunkt 1000 min^{-1}, Teillast, eine Lasterhöhung dar.

6.4 Mischreibungszustände

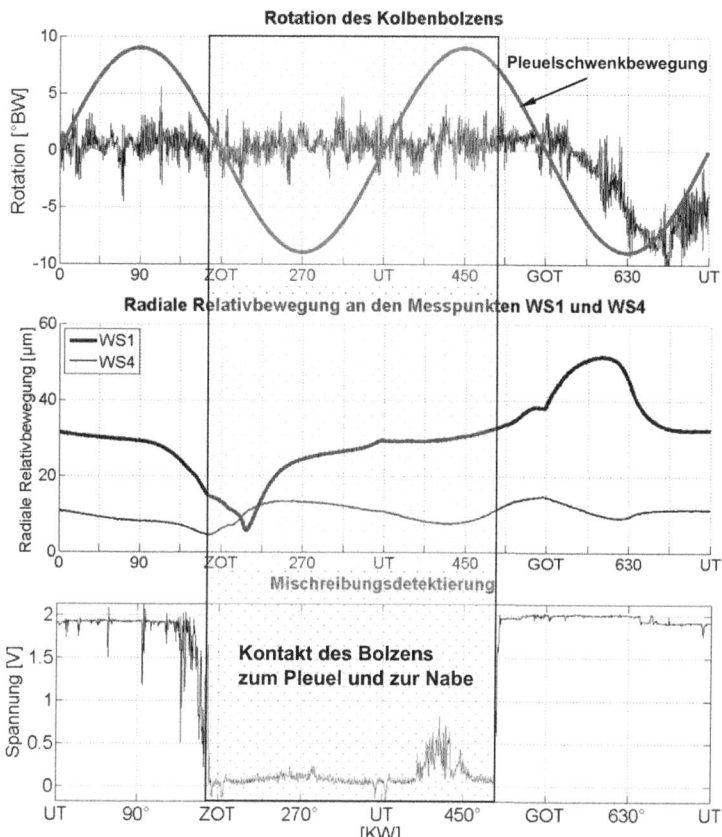

Abb. 78: Mischreibungsdetektierung bei Lasterhöhung
(VarI-M1, Teillsat, $U = 1000\ \text{min}^{-1}$)

Die Mischreibungsdetektierung ist annähernd identisch mit der der zweiten Schubbetriebsmessung bei 1000 min^{-1}. Eine Gegenüberstellung der drei bisher dargelegten Untersuchungen zeigt auf, dass der Anteil, bei dem in einem der beiden oder in beiden Bolzenlagerstellen hydrodynamischer Schmierfilm vorliegt (nicht unterlegter Bereich), einen Einfluss auf die Kolbenbolzenrotation ausübt. Vor allem bei Betrachtung von GOT bis ZOT der drei Betriebspunkte ist anzunehmen, dass der hydrodynamische Anteil vorwiegend in der Kolbennabe vorliegt und im kleinen Pleuelauge mehr Mischreibung auftritt, da der Kolbenbolzen zunehmend mit dem Pleuelauge rotiert.

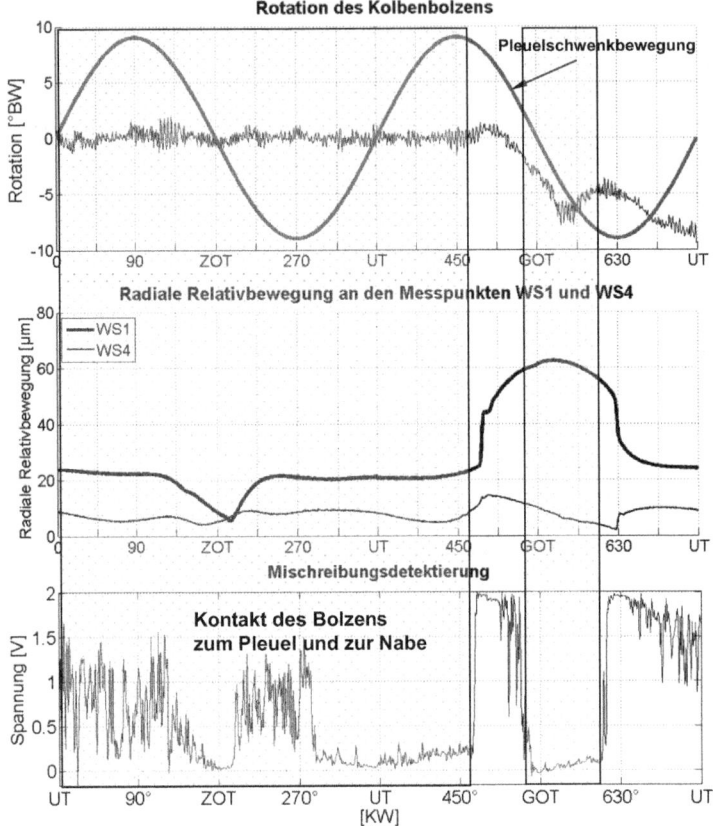

Abb. 79: Mischreibungsdetektierung im Schubbetrieb mit erhöhter Motordrehzahl
(VarI-M1, Schubbetrieb, U = 2000 min-1)

Abb. 79 zeigt mit erhöhter Drehzahl den Betriebspunkt 2000 min^{-1}, Schubbetrieb. Von UT vor ZOT bis 450 °KW besteht auch bei diesem Betriebspunkt Mischreibung im kleinen Pleuelauge. Wie in **Abb. 78** tritt im Bereich kurz vor GOT bis kurz vor

6.4 Mischreibungszustände

630 °KW eine Drehbewegung auf, bei der es zu Mischreibung in beiden Lagerstellen kommt.

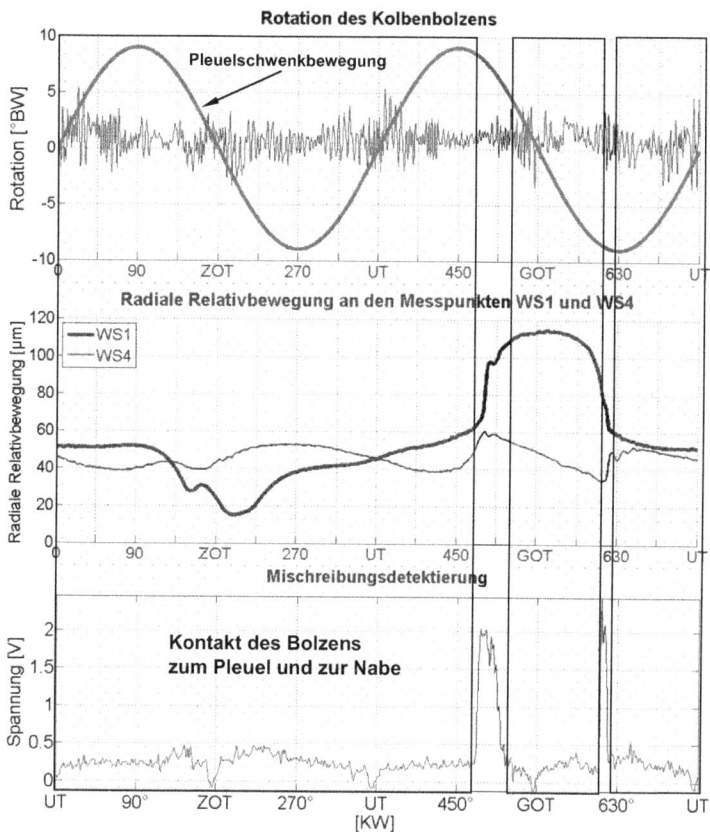

Abb. 80: Mischreibungsdetektierung für Volllast und erhöhter Motordrehzahl
(VarI-M1, Volllast, U = 3000 min^{-1})

Abb. 80 zeigt die Mischreibungsdetektierung bei dem Betriebspunkt 3000 min^{-1}, Volllast, bei dem fast ausschließlich Kontakt in beiden Lagerstellen vorherrscht und der

Kolbenbolzen keine Drehbewegung durchführt. Daraus lässt sich schlussfolgern, dass es bei diesem Betriebspunkt überwiegend zu Mischreibung im kleinen Pleuelauge kommt.

7 Experimentelle Validierung der Simulation

Ziel des Abgleichs von experimentellen Untersuchungen und Simulationsergebnissen ist die Verifizierung und Abstimmung des Simulationsmodells hinsichtlich der erfassten physikalischen Effekte und der vorgegebenen Modellparameter. Als Vergleichsgrößen stehen zur Verfügung:

- Verlauf der radialen Bolzenverlagerung an vier Messpunkten für ein Arbeitsspiel
- Verlauf des Mischreibungskontaktes in kolben- und pleuelseitigem Bolzenlager für ein Arbeitsspiel
- Verlauf der Bolzendrehung für ein Arbeitsspiel

Der Vergleich zwischen Messung und Simulation erfolgt durch Gegenüberstellung der Simulationsergebnisse für ein Arbeitsspiel mit bis zu 10 Arbeitsspielen der Messung, um Abweichungen in den Messkurven einzelner Arbeitsspiele zu erkennen.

7.1 Radiale Bolzenverlagerung

Die Messung der radialen Bolzenverlagerung erfolgt kolbenseitig an vier Messstellen. Die Sensoren WS1 und WS2 sind in Hubrichtung positioniert, die Sensoren WS3 und WS4 in Querrichtung. Mit dem Vergleich der Bolzenverlagerung in zwei Ebenen wird die Güte der in der Simulation erfassten Spielsituation, Strukturverformung und Laufflächenverzüge verifiziert. Die Güte dieser Größen ist entscheidend für die Abbildungsgenauigkeit der nachfolgenden Untersuchungen zur Kontaktdetektierung und zur Bolzendrehung.

Im Folgenden wird der Vergleich der Bolzenverlagerung exemplarisch an zwei Betriebspunkten vorgestellt. Da die Messungen der Bolzenverlagerung nur Aussagen über die Amplituden der Verlagerung, nicht aber über die Absolutwerte liefern, sind die Kurven von Messung und Simulation offset-bereinigt.

Abb. 81 zeigt den Vergleich für die Messwertaufnehmer in Hubrichtung (WS1 und WS2) im Betriebspunkt 1000 min^{-1}, Schleppplast.

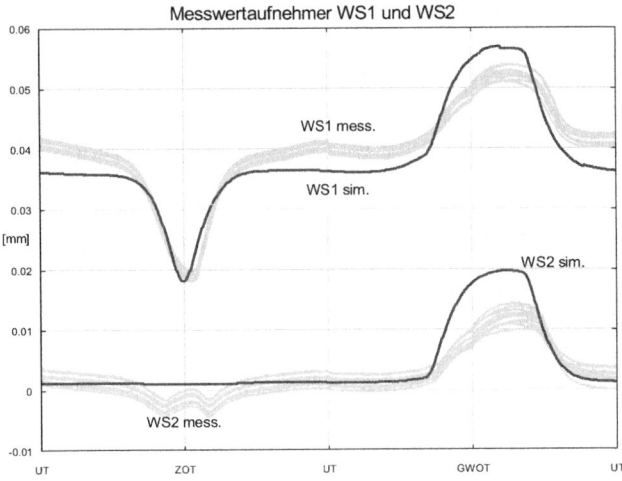

Abb. 81: Vergleich WS1 und WS2 für den Betriebspunkt 1000 min^{-1}, Schlepplast

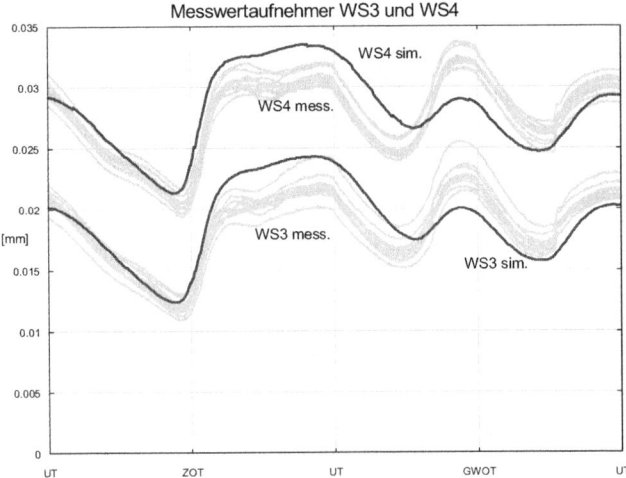

Abb. 82: Vergleich WS3 und WS4 für den Betriebspunkt 1000 min^{-1}, Schlepplast

7.1 Radiale Bolzenverlagerung

Der Vergleich zeigt eine gute qualitative und quantitative Übereinstimmung, die Abweichungen sind vermutlich auf Abweichungen in den thermischen Verzügen zurückzuführen. Für den gleichen Betriebspunkt zeigt **Abb. 82** den Vergleich für die Aufnehmer WS3 und WS4, für die ebenfalls eine gute Übereinstimmung vorliegt.

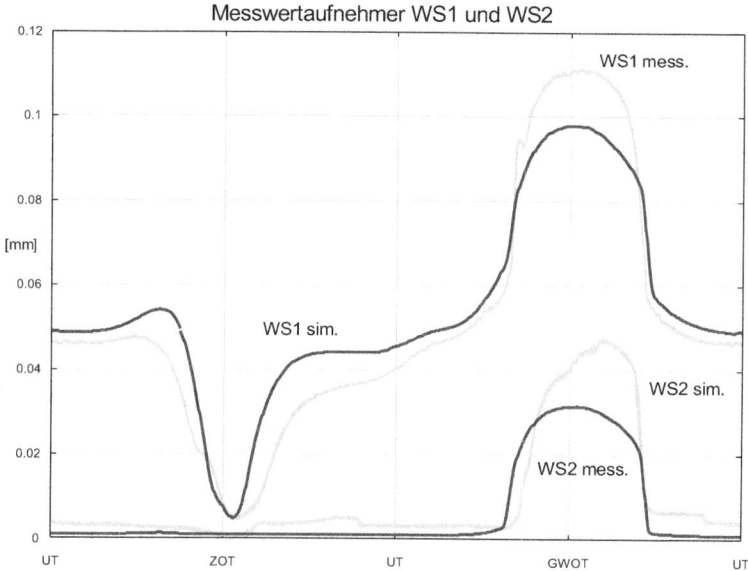

Abb. 83: Vergleich WS1 und WS2 für den Betriebspunkt 3000 min^{-1}, Volllast

Der Vergleich für den Betriebspunkt 3000 min^{-1}, Volllast, ist in den **Abb. 83** und **Abb. 84** dargestellt. Die Amplituden in Hubrichtung sind aufgrund der größeren Kurbeltriebskräfte und den damit verbundenen Deformationen von Kolben und Bolzen gegenüber dem Betriebspunkt 1000 min^{-1}, Teillast, deutlich erhöht.

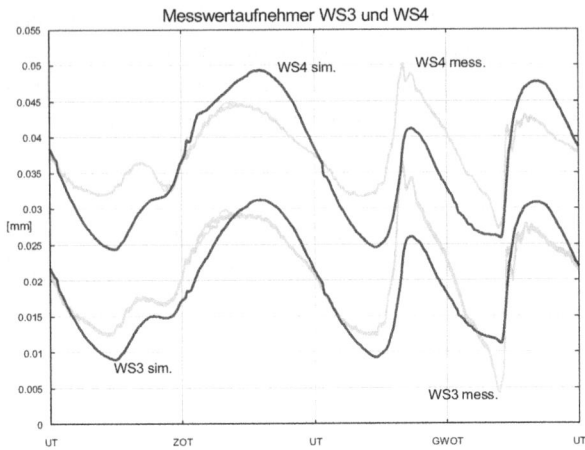

Abb. 84: Vergleich WS3 und WS4 für den Betriebspunkt 3000 min^{-1}, Volllast

7.2 Mischreibungskontakt

Das in Kap. 5.3 beschriebe Messprinzip zum Mischreibungskontakt ermöglicht eine Detektierung des Kontaktzustandes, wenn zeitgleich zwischen Kolben und Bolzen und zwischen Pleuel und Bolzen Mischreibungskontakt besteht. Alle anderen Kontaktsituationen, bei denen nur in einer der beiden Kontaktstellen oder in keiner Kontaktstelle Mischreibung vorliegt, können nicht differenziert werden (**Abb. 85**).

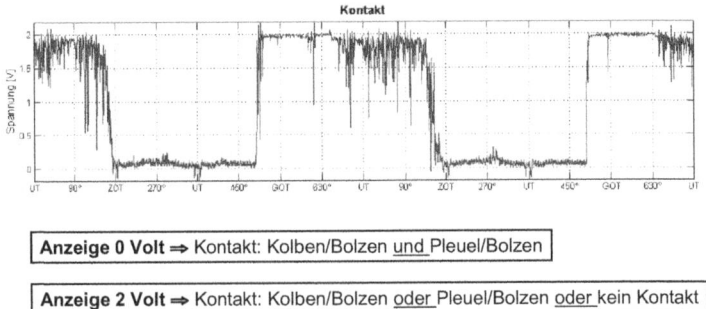

Abb. 85: Messtechnische Differenzierung der Kontaktsituation in den Bolzenlagern

7.2 Mischreibungskontakt

Zum Vergleich der Mischreibungszustände in Messung und Simulation wird dem gemessenen Kontaktspannungssignal der simulierte Kontaktdruckverlauf in beiden Bolzenlagerstellen gegenübergestellt. Übereinstimmung in Messung und Simulation liegt dann vor, wenn beim Einbruch der Kontaktspannung beide Kontaktdruckverläufe ungleich Null sind.

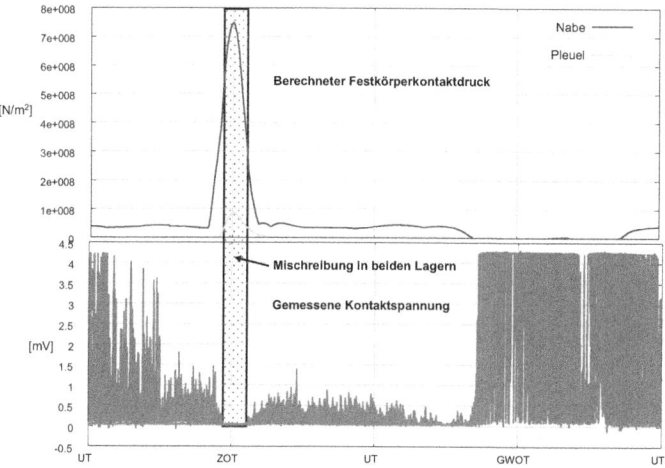

Abb. 86: Mischreibungsvergleich bei 1000 min^{-1}, Schlepplast

Abb. 86 zeigt den Vergleich der berechneten Festkörperkontaktdrücke und dem gemessenen Kontaktspannungssignal für den Betriebspunkt 1000 min^{-1}, Schlepplast. In beiden Lagerstellen wurde ein Vollfüllungszustand angenommen. In dem gepunktet unterlegten Bereich tritt in der Simulation in beiden Kontaktstellen Festkörperkontakt auf und gleichzeitig bricht das Kontaktspannungssignal zusammen. Es liegt also eine gute Übereinstimmung bezüglich des zeitgleichen Auftretens von Mischreibung in beiden Bolzenlagerstellen vor. **Abb. 87** zeigt den gleichen Zusammenhang exemplarisch für den Betriebspunkt 3000 min^{-1}, Vollast. Auch hier wurde ein Vollfüllungszustand angenommen. Der Vergleich zeigt auch hier gute Übereinstimmung, es treten aber aufgrund der hohen Lagerbelastung längere Phasen der Mischreibung in beiden Lagerstellen auf, als bei 1000 min^{-1}, Schlepplast.

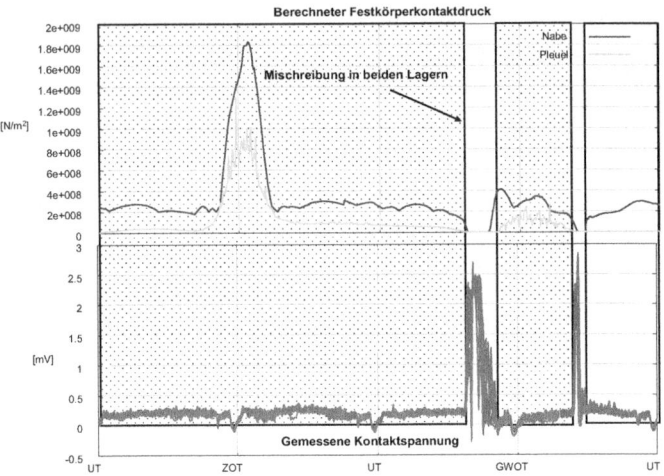

Abb. 87: Vergleich Kontaktdrücke/Kontaktspannung bei 3000 min^{-1}, Volllast

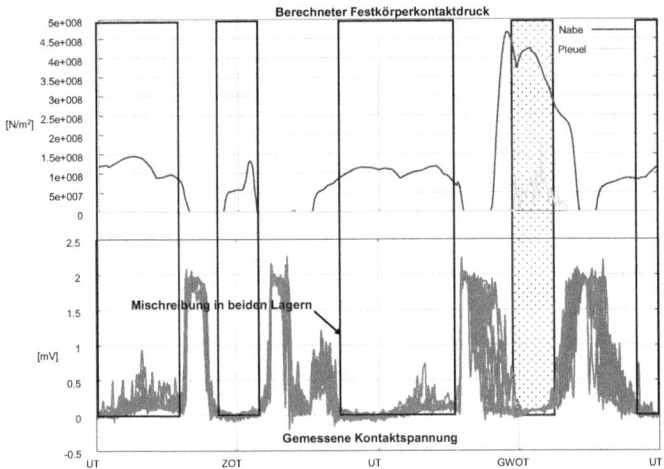

Abb. 88: Mischreibungsvergleich bei 3000 min^{-1}, Schlepplast, Vollfüllung

7.2 Mischreibungskontakt

Ein weiterer Vergleich der Mischreibungszustände, hier für den Betriebspunkt 3000 min^{-1}, Schlepplast bei Vollfüllung ist in **Abb. 88** dargestellt. Die Messsignale zeigen deutlich mehr Mischreibungsphasen in beiden Lagern, als die Simulation. In der Nabe zeigt die Simulation viel Mischreibung, im kleinen Auge tritt dagegen kaum Mischreibung auf. Der Vergleich deutet darauf hin, dass bei diesem Betriebspunkt in der Messung ein Teilfüllungszustand im kleinen Auge vorgelegen haben muss.

In einem weiteren Simulationslauf wird daher der Füllungsgrad im kleinen Auge deutlich reduziert. Der entsprechende Vergleich Messung – Simulation ist in **Abb. 89** dargestellt.

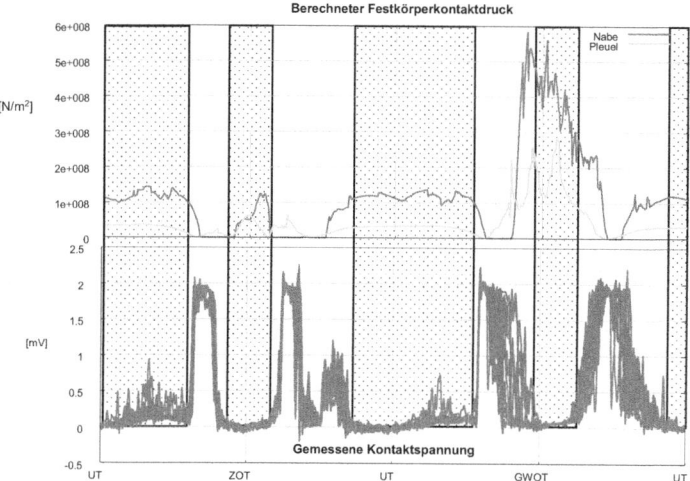

Abb. 89: Mischreibungsvergleich bei 3000 min^{-1}, Schlepplast, Teilfüllung

Durch die Teilfüllung im kleinen Auge treten dort vermehrt Mischreibungszustände auf, so dass hierdurch eine gute Übereinstimmung zwischen Messung und Simulation erzielt werden konnte. Die in der Simulation angenommen Teilfüllungszustände sind zum aktuell noch benutzerdefinierte Systemrandbedingungen. Die Berechnung von Teilfüllungszuständen bei undefinierten Ölversorgungs-Randbedingungen ist z. Zt. noch nicht Stand der Technik, wird aber in zukünftigen Forschungsarbeiten angegangen werden.

7.3 Drehbewegung des Kolbenbolzens

Die Bolzendrehung entsteht durch die Reibmomente in den pleuel- und kolbenseitigen Lagern des Bolzens. Sie bilden zusammen mit der rotatorischen Massenträgheit des Bolzens das dynamische Gleichgewicht. Die Reibmomente setzen sich aus hydrodynamischen und rauheitskontaktbedingten Anteilen zusammen. Treten starke Festkörperreibmomente in einem der beiden Lagerstellen auf, so kann es zu teilweisem Haften des Bolzens an einer der beiden Lagerstellenkommen und damit zu erhöhter (Misch-) Reibung in der anderen Lagerstelle.

Abb. 90 zeigt den Vergleich der gemessenen und simulierten Bolzendrehung bei 1000 min^{-1}, Teillast, mit Vollfüllung in beiden Lagerstellen. Zusätzlich ist zur Orientierung noch die Pleuelschwenkbewegung aufgetragen.

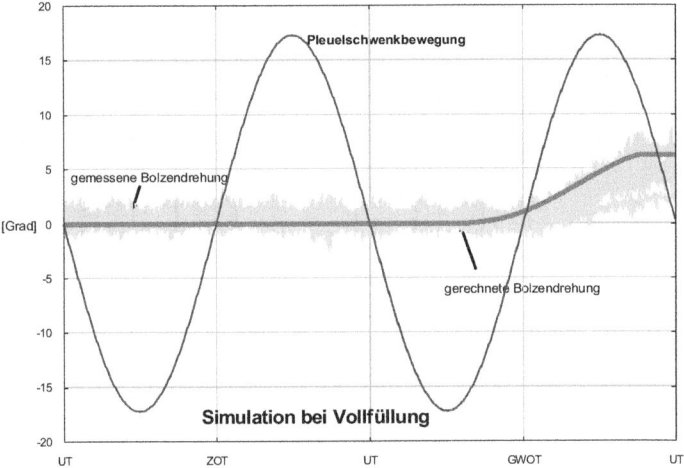

Abb. 90: Vergleich der Bolzendrehung bei 1000 min^{-1}, Teillast

Im Bereich von UT (vor ZOT) bis zum GOT haftet der Bolzen am Kolben (keine Bolzendrehung), danach erfolgt eine kurzzeitige Drehung des Bolzen mit der Pleueldrehrichtung um ca. 5 Grad entgegen der Kurbelwellendrehrichtung. Der Vergleich Messung – Simulation zeigt für diesen Betriebspunkt gute Übereinstimmung. Der Ver-

7.3 Drehbewegung des Kolbenbolzens

gleich der Bolzendrehung bei 1000 min^{-1}, Volllast, bei Vollfüllung ist **Abb. 91** dargestellt.

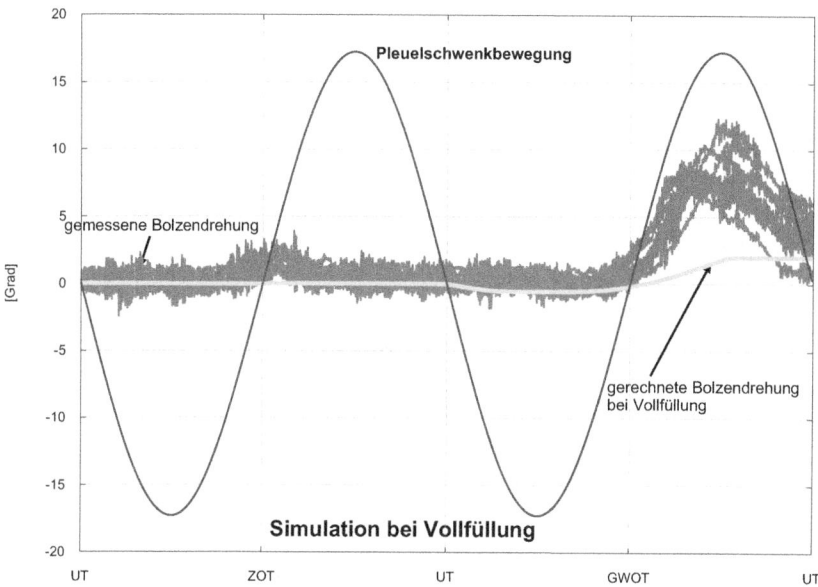

Abb. 91: Vergleich der Bolzendrehung bei 1000 min^{-1}, Volllast und Vollfüllung

Die Bolzendrehung zeigt zwar in der Simulation die gleiche Tendenz wie in der Messung, aber der Betrag der Drehung ist in der Simulation deutlich geringer. Eine zeitweise Verringerung des Füllungszustandes im Pleuellager führt zu einem höheren Mischreibungsanteil im Pleuellager und damit zu einer erhöhten Bolzendrehung, die der gemessenen Drehung entspricht (**Abb. 92**).

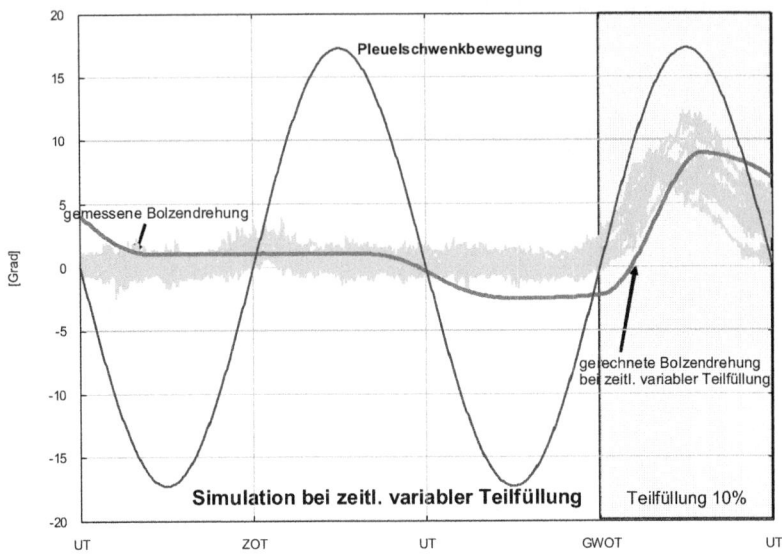

Abb. 92: Vergleich der Bolzendrehung bei 1000 min^{-1}, Volllast und Teilfüllung

8 Zusammenfassung

Eine Optimierung von Verbrennungsmotoren kann nur erfolgen, wenn die im Verbrennungsmotor ablaufenden Vorgänge hinreichend bekannt sind. Für die Auslegung des tribologischen Systems der Kolbenbolzenlagerung bedeutet dies, dass die thermischen und mechanische Belastungen, Lagerparameter, Reibungszustände und die damit einhergehenden Bewegungsmechanismen der Lagerkomponenten zu jedem Zeitpunkt darstellbar sind.

Für die Verifizierung eines Auslegungsverfahrens für die Kolbenbolzenlagerung, bei dem erstmalig elastohydrodynamische Vorgänge in den Lagerstellen Pleuel-Kolbenbolzen und Kolbenbolzen-Kolben berücksichtigt werden, werden in der vorliegenden Arbeit neue Messmethoden entwickelt, die bei experimentellen Untersuchungen an einem befeuerten Vollmotor eingesetzt werden und für das Berechnungsverfahren Eingangs- und Validierungsgrößen liefern. Diese beinhalten die Temperaturen am Pleuel und Kolben, die Bewegung des Kolbenbolzens und die Reibungszustände in den Lagerstellen.

Zur Bestimmung der Kolbenbolzenbewegung werden induktive Abstandssensoren im Kolben implementiert. Auf diese Weise wird die Relativbewegung zwischen Kolben und Kolbenbolzen erfasst. Dabei ist eine Unterteilung der Bewegung in eine axiale und radiale Richtung sowie eine Drehung des Kolbenbolzens möglich. Das für die Ermittlung des Reibungszustandes konzipierte Messverfahren beruht auf der elektrischen Leitfähigkeit zwischen den Reibpartnern Pleuel, Kolbenbolzen und Kolben und erlaubt eine Aussage darüber, zu welchem Zeitpunkt gleichzeitig Festkörperkontakt in den Lagerstellen der Kolbennabe und des kleinen Pleuelauges vorliegt.

Bei der Erfassung der Kolbenbolzenbewegung hat sich das berührungslose Wegmesssystem auf Wirbelstrombasis sehr bewährt. Die radiale Verlagerung des Kolbenbolzens konnte mit vier Messpunkten und in allen Betriebszuständen innerhalb eines Arbeitsspiels hoch aufgelöst und mit guter Signalqualität in Hub- und Querrichtung dargestellt werden. Die Auswertung der Kolbenbolzendrehung bringt aufgrund des verwendeten Messkonzepts der Drehungsmessung auf einem Spiralgang zwei Möglichkeiten mit sich. Diese sind, die Drehung entweder als Langzeitdrehung über viele Arbeitsspiele oder kurbelwinkelaufgelöst über ein Arbeitsspiel darzustellen. Bei letzterem variiert die Signalqualität aufgrund der verschiedenen Messkonzepte, was sich auf die Verwendung unterschiedlicher Sensorgrößen und deren Messbereich zurückführen lässt.

Bei der Ermittlung der Mischreibungszustände der Kolbenbolzenlagerung über die elektrische Spannungsmessung konnte eine Aussage über den gleichzeitigen Kontaktzustand Pleuel-Kolbenbolzen und Kolbenbolzen-Kolben getroffen werden. Die kraftschlüssige Anlegung der Spannung an das Pleuelauge stellte sich als kritische Stelle heraus, was teilweise zu Signalverlusten führte. Anstrebenswert wäre eine pleuel- und kolbenseitig getrennte Kontaktdetektierung, um Reibungszustände in den Lagerstellen separat erfassen zu können, wobei sich bei der Konzipierung einer solchen Messmethode die Einhaltung einer möglichst geringen Beeinflussung der Lagereigenschaften als schwierig herausstellen wird.

Die Durchführung der experimentellen Untersuchungen unterlag der Determiniertheit der Lebensdauer der applizierten Messtechnik und der leitungsgebundenen Messwertübertragung über das Gelenkgetriebe. Aufgrund dessen standen für Messungen einer Versuchsvariante nur eine bis drei Betriebsstunden zur Verfügung.

Die messtechnischen Untersuchungen liefern relevante Informationen über das tribologische Verhalten und die Bewegungsmechanismen der Kolbenbolzenlagerung. Generell ist eine starke Verhaltensabhängigkeit der Lagerbewegungen von den Betriebszuständen festzustellen. Der abschließende Vergleich mit den Berechnungsergebnissen zeigt jedoch in der Kolbenbolzenverlagerung qualitativ und quantitativ gute Übereinstimmungen. Bei der Rotation des Bolzens und den Mischreibungszuständen konnte ebenfalls eine gute Übereinstimmung erreicht werden, wobei für einige Betriebszustände bei der Simulation die Annahme von Ölteilfüllungsteilzuständen in den Lagerstellen erforderlich war. Die starke Abhängigkeit der Bewegungsmechanismen von den Betriebszuständen ist aufgrund der unterschiedlichen thermischen und mechanischen Belastungen auf eine sensible und komplexe Wechselwirkung zwischen den Lagerparametern Lagerkalt- und -warmspielkontur, Festkörperreibwert und insbesondere auf den Schmierstofffüllungsgrad zurückzuführen.

Um die Auslegung der Kolbenbolzenlagerung weiter zu optimieren, sollte man sich der Problematik der Schmierung annehmen. Bislang liegen nur unzureichende Kenntnisse über die Transportmechanismen der Schmierstoffversorgung zu und aus den Lagerstellen und den belastungsbedingten Ölfüllungszuständen in den Bolzenlagern vor. Ölzufuhr und -abfuhr sind zumindest bei der Kolbenbolzenlagerung messtechnisch schwer zu ermitteln. Ein Ansatz zur Quantifizierung des Ölfüllungsgrades im Schmierspalt wäre eine kombinierte Applikation von induktiven und kapazitiven Abstandssensoren in der Lagerung. Der Einfluss des Öls bei kapazitiven Sensoren entspricht dem Verhalten eines Dielektrikums bei Kondensatoren. Im Vergleich mit den ölunbeeinflussten induktiven Sensoren kann man ein Maß für die Ölmengenbestimmung in den Schmierspalten ableiten.

Literaturverzeichnis

[1] Spangenberg, S., Hettich, T., Lazzara, M., Schreer, K.: Kolben für PKW-Dieselmotoren - Aluminium oder Stahl, 35. Internationales Wiener Motorensymposium, 2014

[2] Schlaefke, K.: Zur Berechnung von Kolbenbolzen, MTZ 1, 1940

[3] Orlowsky, K., Ritterskamp, C., Dohmen, J., Maaßen, F.: Spezialmesstechnik für die moderne Mechanikentwicklung, Aachener Kolloquium, Fahrzeug und Motorentechnik, 2009

[4] Parthier, R.: Messtechnik, Vieweg Verlag, 2004

[5] Maassen, F., Dohmen, J., Rebbert, M., Orlowsky, K., Krahnen, U.: Simulation und Messung am Kurbeltrieb; Aachener Kolloquium, Fahrzeug und Motorentechnik, 2004

[6] Abed, G., Zou, Q., Barber, G., Zhou, B., Wang, Y., Liu, Y., Shi, F.: Study of the motion of floating piston pin against pin bore, SAE International, Paper 2013-01-1215, 2013

[7] Clark, K., Antonevish, J., Kemppainen, D., Barna, G.,: Piston pin dynamics and temperature in a C.I. engine, SAE International, Paper 2009-01-0189, 2009

[8] Wachtmeister, G., Hubert, A.,: Drehung eines Kolbenbolzens im kleinen Pleuelauge während des Motorbetriebs, MTZ 69, 2008

[9] Ritterskamp, C.: Untersuchung der Kolbenbolzenbewegung im Verbrennungsmotor, Dissertation, Aachen, 2008

[10] Czichos, H., Habig, K.: Tribologiehandbuch, Viehweg+Teubner Verlag, 2010

[11] Blumenthal, H., Schwarze, H.: Tribologische Beurteilung des Verschleißverhaltens der Kolbenbolzenlagerung, Tribologie und Schmierungstechnik, 2005

[12] Takiguchi, M., Takimoto, T., Nagasawa, K.: Piston and connecting rod small end bearing friction, Engine technology progress in Japan, Paper 31995106, 1995

[13] Bargende, M.: Grundlagen der Verbrennungsmotoren, Universität Stuttgart, 2010

[14] Van Basshuysen, Schäfer: Handbuch Verbrennungsmotoren; Vieweg Teubner Verlag, 2012

[15] Urlaub, A.: Verbrennungsmotoren, Band 3 Konstruktion, Springer Verlag, 1989

[16] Eifler, W.; Schlücker, E.; Spicher, U.; Will, G.: Küttner Kolbenmaschinen, Vieweg Teubner Verlag, 2009

[17] Köhler, Rögnitz: Maschinenteile; Vieweg Teubner Verlag, 2008

[18] Pischinger, S.: Verbrennungskraftmaschinen, RWTH Aachen, 2007

[19] Mahle GmbH: Kolben und motorische Erprobung, Vieweg Teubner Verlag, 2010

[20] Wächter, K.: Konstruktionslehre für Maschineningenieure, Verlag Technik, 1989

[21] Gläser, H.: Schäden an Gleit- und Wälzlagerungen, Verlag Technik, 1990

[22] Küntscher, V.: Kraftfahrzeugmotoren-Auslegung und Konstruktion, VEB Verlag Technik, 1989

[23] Korte, V.: Schulungsunterlagen Motorkomponenten, Mahle GmbH, Stuttgart 2004

[24] Kuhm, M.: Das Problem des Kolbenbolzens im Kurbeltriebwerk, MTZ 25, 1964

[25] Affenzeller, J., Gläser, H.: Lagerung und Schmierung von Verbrennungsmotoren, Springer Verlag, 1996

[26] Scherge, M.; Kehrwald, B.; Gervé, A.: Tribologie und Motormechanik. MTZ 3/2002, Jahrgang 63

[27] Scherge, M.; Gervé, A.; Berlet, P.; Kopnarski, M.; Oechsner, H.; Scheib, M.: Tribomutation von Werkstoffoberflächen im Motorenbau am Beispiel des Zylinderzwickels II. Abschlussbericht über das Vorhaben Nr. 716, FVV Heft R 521 (2003), Informationstagung Motoren, Herbst 2003, Magdeburg

[28] Bode, B.: Modell zur Beschreibung des Fließverhaltens von Flüssigkeiten unter hohem Druck, Tribologie und Schmierungstechnik, 1990

[29] Noack, G.; Kroll, J.: Zur Bestimmung der Viskosität von binärem Ölschmierungen bei hohen Drücken, DGMK-Bericht Nr. 451, Hamburg, 1993

[30] Bowden, F. P., Tabor, D.: The friction and Lubrication of Solids, Springer Verlag 1959

[31] Vogelpohl, G.: Betriebssichere Gleitlager, Berechnungsverfahren für Konstruktion und Betrieb: Berlin, Heidelberg, New York: Springer 1967

[32] Knoll, G., Bartel, D., Bischoff, G., Bobach, L.: Versagenskriterien für Motorengleitlager bei transienter thermo-elastohydrodynamischer Beanspruchung, Abschlussbericht AIF Vorhaben 1225 B/1, Heft R915, Frankfurt 2003

[33] Knoll, G.: Tragfähigkeit zylindrischer Gleitlager unter elastohydrodynamischen Bedingungen, Dissertation RWTH Aachen, 1974

[34] Steinhilper, W., Lang, O.R.: Gleitlager, Springer Verlag, 1978

Literaturverzeichnis 107

[35] Yukio, H.: Hydrodynamic Lubrication, Springer Tokyo, 2006

[36] Noack, G.; Bode, B.: Beurteilung von Näherungsgleichungen zur Approximation und Extrapolation von Viskositätsmessungen an Mineralölen DGMK-Bericht Nr. 393, Hamburg 1989

[37] Moreau, H.; Maspeyrot, P.; Bonneau, D.; Frène, J.: Comparison between experimental film thickness measurements and elastohydrodynamic analysis in a connecting-rod bearing, Vol. 216, J Engineering Tribology, 2002, S. 195-208

[38] Holland, J.; Berkowitz, B.; Schwarze, H.: Erfassung von Druck und Spaltweite unter Berücksichtigung der Lagerschalenverformung, Tribologie und Schmierungstechnik, Bd. 38, Nr.2, 1991, S. 94-100

[39] Schwarze, H.: Beitrag zur Erfassung der Schmierverhältnisse im Pleuellager Dissertation TU Clausthal, 1992

[40] Spiegel, K.: Beiträge zur Elastohydrodynamik bei Nocken-Stößel-Paarung Dissertation TU Clausthal, 1982

[41] Hadler, J.: Tribologische Beurteilung und Optimierung mischreibungsbeanspruchter Radialgleitlager, Dissertation Otto-von-Guericke-Universität Magdeburg, 1994

[42] Stribeck, R.: Die wesentlichen Eigenschaften der Gleit- und Rollenlager Z.VDI 46,1902

[43] Fleischer, G.: Grundlagen der Tribologie, Verlag Technik, Berlin 1989

[44] Bartz, W.: Grundlegende Zusammenhänge der Tribologie – speziell für das Gleitlager. In: Bartz, W. J.: Gleitlagertechnik, Teil I, Expert-Verlag, Grafenau, 1981

[45] Rodermund, H.: Extrapolierende Berechnung des Viskositätsverlaufes unter hohen Drücken, Schmierungstechnik und Tribologie, 27. Jg., Nr.1, 1980

[46] Buckley, D. H.: Surface effects in adhesion, friction, wear and lubrication Amsterdam: Elsevier, 1981

[47] Blumenthal, H.: Reibungs- und Verschleißverhalten des Kolbenbolzenlagers bei elasto-hydrodynamischer Schmierung, Dissertation Technische Universität Clausthal, Shaker Verlag Aachen, 2006

[48] Studt, P.: Boundary lubrication: adsorption of oil additives on steel and ceramic surfaces and its influence on friction and wear Tribology International 22, 1989

[49] Archard, J. F.: Contact and rubbing of flat surfaces, J. Appl. Phys. 24, 1953

[50] Klingmann, R., Brüggemann, H., Fick, W., Naber, D., Hoffmann, K.-H., Binz, R.: Dieselmotoren für die neue E-Klasse, MTZ 63, 2002

[51] Klingmann, R., Brüggemann, H., Peters, A., Pütz, W.: Der neue Vierzylinder-Dieselmotor OM 611 mit Common-Rail-Einspritzung, MTZ 58, 1997

[52] Forstmann, U.: Induktive Wegsensoren zur Überwachung und Regelung des Blecheinzugs beim Tiefziehen, Dissertation, Berlin, 2000

[53] Balluff, G., Burckhardt, T.: Lineare Weg- und Abstandssensoren – Berührungslose Messsysteme für den industriellen Einsatz, Die Bibliothek der Technik, 2004

[54] Parthier, R.: Messtechnik, Vieweg Teubner Verlag, 2004

[55] Nau, M.: Elektrische Temperaturmessung mit Thermoelementen und Widerstandsthermometern, Springer Verlag, 2004

[56] Kuratle, R.: Motormesstechnik, Vogel Verlag, 1995

[57] Bernhard, F.: Technische Temperaturmessung, Springer Verlag, 2003

[58] Künzel, R.: Untersuchung der Kolbenbewegung in Motorquer- und Motorlängsrichtung, Dissertation, Stuttgart, 1997

[59] Fiedler, R.-G.: Ermittlung der Pleuelquerbewegung in Verbrennungsmotoren, Dissertation, Stuttgart, 2000

The manufacturer's authorised representative in the EU is Springer Nature Customer Service Centre GmbH, Europaplatz 3, 69115 Heidelberg, Germany. If you have any concerns regarding our products, please contact ProductSafety@springernature.com

Printed and bound by CPI Group (UK) Ltd, Croydon, CR0 4YY
25/03/2026
02078196-0009